区域网络结构与产业关键共性技术创新涌现的构效关系与作用机理研究国家自然科学基金项目（71874040）

欠发达地区区域创新系统与制造业协同发展的阻滞机理、突破路径及政策体系研究 教育部人文社科青年基金项目（19YJC630178）

河南省高等学校哲学社会科学创新人才支持计划资助 2023-CXRC-20

河南理工大学青年骨干教师资助计划（2020XQG-15）

本书受河南理工大学工商管理学院能源经济研究中心资助特致谢忱

基于复杂网络的产品创新扩散研究

王展昭　著

吉林大学出版社

·长春·

图书在版编目（CIP）数据

基于复杂网络的产品创新扩散研究 / 王展昭著 .—
长春 ： 吉林大学出版社 ， 2023.4
ISBN 978-7-5768-1344-9

Ⅰ．①基… Ⅱ．①王… Ⅲ．①产品设计－研究 Ⅳ.
① TB472

中国版本图书馆 CIP 数据核字（2022）第 245521 号

书　　名：基于复杂网络的产品创新扩散研究
JIYU FUZA WANGLUO DE CHANPIN CHUANGXIN KUOSAN YANJIU

作　　者：王展昭
策划编辑：邵宇彤
责任编辑：甄志忠
责任校对：郭湘怡
装帧设计：优盛文化
出版发行：吉林大学出版社
社　　址：长春市人民大街4059号
邮政编码：130021
发行电话：0431-89580028/29/21
网　　址：http://www.jlup.com.cn
电子邮箱：jldxcbs@sina.com
印　　刷：三河市华晨印务有限公司
成品尺寸：170mm×240mm　　　16开
印　　张：14
字　　数：225千字
版　　次：2023年4月第1版
印　　次：2023年4月第1次
书　　号：ISBN 978-7-5768-1344-9
定　　价：88.00元

前　言

　　产品创新扩散无论在技术创新领域还是在管理科学领域及市场营销领域，都是一个被广泛关注的问题。产品创新扩散发生在一定的社会经济系统中，其本质是新产品在消费者网络中被网络个体逐渐采纳的过程，因此，要想全面、准确地把握产品创新扩散的内在规律，就需要将产品创新扩散放在网络环境中进行研究，而消费者网络是一个规模巨大、关系复杂的社会网络，采用传统的研究方法对其进行研究的难度很大。随着计算机技术的快速发展，复杂网络理论的体系架构得到了质的飞跃和完善，作为研究复杂系统的有力工具，复杂网络理论为产品创新扩散的研究提供全新的视角。复杂网络通过将各类社会经济系统抽象为只有节点及节点间关系的网络拓扑结构，来分析网络主体决策及主体间的互动关系涌现出的宏观动力学行为，这与产品创新扩散的研究思路非常吻合。因此，从复杂网络的视角来研究产品创新扩散的相关问题，来探索产品创新扩散的内在机制，能够更科学、全面地把握产品创新扩散的发展规律，无论对于产品创新扩散理论的发展还是政府、企业等的决策，都具有重要的意义。

　　本书首先对研究的理论基础进行了分析，明晰了产品创新扩散的概念、特征及结构，归纳了复杂网络的拓扑结构类型及统计描述，阐述了多智能体仿真方法的特点、优势、范围、效度以及与产品创新扩散之间的关系，在此基础上构建了基于复杂网络的产品创新扩散的概念模型，对概念模型的基本要素及逻辑架构进行了分析，并针对概念模型中的关键要素及其目前研究中存在的不足，结合复杂网络的研究视角确定了"基于复杂网络的产品质量与产品创新扩散的关系研究""基于复杂网络的促销活动与产品创新扩散的关系研究""基于复杂网络的意见领袖与产品创新扩散的关系研究"及"基于复杂网络的品牌竞争与产品创新扩散的关系研究"四个具有重要价值的研究问题，通过构建基于复杂网络的产品创新扩散的阈值模型及其拓展模型，对这些问题进行仿真分析。其中，在"基于复杂网络的产品质量与产品创新扩散的关系研究"部分，加入网络结构调节变量，从重连概率、网络密度及网络规模三个维度展开分析，以探究产品质量与产品创新扩散之间的影响关系以及网络结构在其中的调节作用；在"基于复杂网络的促销活动与产品创新扩散的关系研究"部分，加入起飞时间中介变量，从大众传媒推广与目标市场选择两个维度展开分析，以探究促销活动、起飞时间与产品创新扩散之间的影响关系；在"基于复杂网络的意见领袖与产品创新扩散的关系研究"部分，加入市场环境调节变量，从意见领袖数量及意见领袖规模两个维度展开分析，以探究意见领袖与产品创新扩散之间的影响关系以及市场环境在其中的调节作用；在"基于复杂网络的品牌竞争与产品创新扩散的关系研究"部分，加入重复购买调节变量，从转换成本及进入时间两个维度展开分析，以探究品牌竞争与产品创新扩散之间的影响关系以及重复购买在其中的调节作用。

针对上述内容，本书通过构建阈值模型及其拓展模型，在一定的复杂网络拓扑结构中，运用多智能体仿真方法，对四个核心问题进行了仿真分析，以揭示产品质量、促销活动、意见领袖及品牌竞争与产品创新扩散之间的影响关系，以及网络结构、起飞时间、市场环境及重复购买四个变量在其中的影响作用，最后基于仿真结果提出促进产品创新扩散的发展建议，以为企业及政府等管理者对产品创新扩散相关决策的制定提供科学依据。通过本书的研究，一方面进一步推动了复杂网络理论与产品创新扩散理论的交叉融合，尤其丰富了微观视角下产品创新扩散的决策机制、模型构建和分析方法等研究内容，另一方面为企业更好展开产品创新活动提供科学依据，并有助于政府更好制定创新政策，推进区域经济的发展。

王展昭

2022 年 12 月

目　录

第1章 绪论

1.1 本书研究的背景、目的及意义

1.1.1 本书研究背景

随着知识经济的快速发展，各式各样的新产品不断涌现，极大地推动了社会经济的发展，改善了人民的生活水平。在今天供应的普通商品中，有许多是40年前闻所未闻的，如个人电脑、录像机、数字手表和传真机等。今天的科学家正从事范围惊人的产品创新的研究，但并非所有的产品创新最终都能够被消费者采用或接受，为企业带来所期望的收益。现代企业越来越依赖产品创新来获取竞争优势，但其本身是风险极高的活动，一方面是各国政府和企业均投入巨资进行技术研发，另一方面技术发明的商业化比例非常低。很多新技术在企业内部成为产品后就夭折了，并没有成功地扩散。因此，市场竞争的残酷性迫使企业必须关注产品创新扩散的内在规律，这也是产品创新扩散理论一直占据着技术和市场研究主流地位的原因。

产品创新扩散的发生都是在一定的社会系统中进行的，产品创新的采用不仅与决策者本身特质有关，还与消费者的社会关系密切相关。伴随着各种通信方式的不断改进，消费者之间的交流更加频繁，各种社会关系对消费者决策的影响日益增长，因此研究这种社会网络结构对产品创新扩散的影响将对企业制定更为有效的营销策略、确定产品创新进入和退出时间以及对细分市场的分析等具有重要的理论和现实意义。而社会网络与自然界的网络不同，其节点数量庞大，关系繁杂，是一个动态演化的复杂网络。因此，要想全面、深入地把握产品创新扩散的内在机制，就需要将产品创新扩散放在复杂网络环境中进行考

察和分析。

复杂网络理论是复杂系统理论的一个分支，相对于传统的分析方法而言，复杂网络分析方法在处理社会经济系统的复杂性问题方面具有独特的优势，它通过将各类社会经济系统抽象为只有节点及节点间关系的网络拓扑结构，来考察和分析主体决策及主体间的互动关系涌现出的宏观动力学行为，从而提炼出社会经济系统发展的一般规律，这与产品创新扩散的研究思路非常吻合。因此，从复杂网络的视角来研究产品创新扩散，一方面能够更好地考察和理解产品创新扩散的微观采纳机制，另一方面能够在考虑产品创新扩散系统复杂性特征的前提下，分析产品创新扩散的相关问题，更科学地揭示产品创新扩散的一般规律。此外，将复杂网络理论应用于产品创新扩散的研究中，也是对两种理论交叉融合的一种尝试和拓展，具有广阔的研究前景。

本书正是基于这样的认识，从复杂理论出发，将发生产品创新扩散的社会系统界定为一个复杂系统，由此运用复杂网络的思想和方法来研究产品创新扩散的过程，通过构建基于复杂网络的产品创新扩散的阈值模型及其拓展模型来模拟消费者的采纳行为，并运用多智能体仿真方法，基于特定的复杂网络环境，对产品质量、促销互动、意见领袖及品牌竞争与产品创新扩散之间的影响关系进行仿真分析，通过对动态、多维的仿真数据进行整理和分析，来揭示复杂网络环境中产品创新扩散的内在机制及规律，并在此基础上提出促进产品创新扩散的发展建议。它不仅能丰富和完善产品创新扩散理论体系，也能为产品创新扩散决策者的决策制定提供理论上的参考。

1.1.2 本书研究目的

本书首先对研究的理论基础进行了分析，以明晰产品创新扩散的概念、特征及结构，归纳复杂网络的拓扑结构类型及统计描述，阐述多智能体仿真方法的特点、优势、范围、效度以及与产品创新扩散之间的关系，在此基础上构建基于复杂网络的产品创新扩散的概念模型，来探究概念模型的基本要素，剖析概念模型的逻辑架构，并针对概念模型中的关键要素及其目前研究的不足之处，基于复杂网络的视角，提出本书主体内容部分的四个研究问题，通过构建阈值模型及其拓展模型，在一定的复杂网络拓扑结构中，运用多智能体仿真方法，对四个核心问题进行了仿真分析，以揭示产品质量、促销活动、意见领袖及品牌竞争与产品创新扩散之间的影响关系，以及网络结构、起飞时间、市场环境及重复购买四个变量在其中的影响作用，最后基于仿真结果提出促进产品创新扩散的发展建议，以便为企业及政府等管理者对产品创新扩散相关决策的制定提供科学依据。

1.1.3　本书研究意义

结合产品创新扩散的复杂性特征及发展趋势，将复杂网络理论融入产品创新扩散的研究中，构建基于复杂网络的产品创新扩散的阈值模型，并对产品创新扩散过程中具有重要研究价值和亟待解决的四个关键问题进行仿真分析，来提炼产品创新扩散的一般规律，并基于仿真结果提出促进产品创新扩散的发展建议，具有重要的理论和现实意义。

1.1.3.1 对推动复杂网络理论与产品创新扩散理论的交叉融合具有重要的理论意义

复杂网络理论作为复杂系统理论的一个分支，近几年才得到快速的发展，是一门相对较新的理论，其在各个学科、领域的应用范围及应用程度仍然处于较浅的初级阶段，尤其是复杂网络在社会经济系统中的应用，还有非常大的拓展空间。同时，随着产品创新扩散研究的发展，产品创新扩散的研究视角逐渐趋向于微观化，其研究内容则趋向于复杂化，也迫切地需要一种在处理系统复杂性问题方面具有优势的分析工具。因此，本书将复杂网络理论应用于产品创新扩散的研究中，在对消费者决策过程进行分析的基础上构建基于复杂网络的产品创新扩散的阈值模型，并以小世界网络、无标度网络等复杂网络结构为仿真环境来研究产品创新扩散的相关问题，进一步推动了复杂网络理论与产品创新扩散理论的交叉融合。

1.1.3.2 对企业创新活动的展开及政府政策的制定具有重要的实践意义

产品创新的扩散趋势及扩散特征关系到企业的整个创新活动的展开及政府创新政策的制定，只有了解和把握产品创新扩散的一般规律，企业才能更好地展开产品创新的研发、产品创新策略的制定以及产品创新资源的分配等实践活动，政府才能更好地制定产品创新扩散发展的相关政策，推动区域经济的发展。因此，本书运用多智能体仿真方法，基于阈值模型对产品质量、促销活动、意见领袖及品牌竞争与产品创新扩散之间的影响关系进行分析，来探究产品创新扩散的微观个体的决策行为及互动关系涌现出的宏观扩散现象，提炼产品创新扩散的一般规律，为企业及政府等管理者对产品创新扩散相关决策的制定提供科学依据。

1.2 相关文献综述

1.2.1 复杂网络研究综述

对于复杂网络的研究始于 20 世纪 90 年代末，Watts 等（1998）在 *Nature* 杂志上发表了关于小世界网络模型的文章以及 Albert 等（1999）在 *Science* 杂志上发表了关于网络演化及生长的文章，这两篇论文的发表掀起了学者们对复杂网络研究的浪潮，学者们开始从多种角度来探索复杂网络的相关问题。在此推动下，复杂网络理论的研究得到快速的发展，到目前为止，对复杂网络的研究可以从复杂网络拓扑结构、复杂网络生成机制以及复杂网络动力学三个方面来梳理，具体内容如下。

1.2.1.1 复杂网络拓扑结构研究

学者们对于复杂网络拓扑结构的研究可以分为两大类：第一类是对复杂网络拓扑结构特征的研究，即从理论上或实践中探索丰富的复杂网络的拓扑结构类型，挖掘其拓扑结构统计特征；第二类是对复杂网络拓扑结构的优化研究，即在对复杂网络拓扑结构稳定性及鲁棒性等特征分析的基础上，提出复杂网络拓扑结构的优化方案。

（1）复杂网络拓扑结构的特征研究

对于复杂网络拓扑结构特征的研究可以细分为无向网络的拓扑结构特征研究、有向网络的拓扑结构特征研究以及加权网络的拓扑结构特征研究三个部分。其中，在无向网络方面，Ferrer 等（2001）研究了语言学网络的拓扑结构；Jeong 等（2001）研究了蛋白质相互作用的网络拓扑结构；Barabasi 等（2002）研究了科学家合作网络拓扑结构等。杨鑫等（2012）分析了国际天然气贸易关系网络的拓扑结构特征；尹小倩（2013）分析了微博用户关系网络的拓扑结构特征；在无向网络拓扑结构研究中挖掘出的拓扑结构统计量有：平均路径长度特征、集聚系数特征、度与度分布特征、介数及介数中心性特征以及小团体特征等。在有向网络方面，Broader 等（2000）研究了 WWW 网络的拓扑结构；Xu 等（2004）研究了电力网络拓扑结构，Fell 等（2000）研究了细胞内化学反应网络拓扑结构；陈明芳等（2009）研究了基于高校门户网站的有向网络拓扑结构；雷雪等（2015）研究了作者合著有向网络的拓扑结构。有向网络包含了无向网络所有的拓扑结构统计量，除此之外，有向网络还具有如下独特的拓扑结构统计量，即入度与出度的分布特征、基于边的（入度与出度、入度与入度、出度与入度及出度与出度）关联性特征、双向比特征以及基于顶点的入度与出度关联性特征等。加权网络作为一种相对于无向网络和有向网络起步较晚的网络结构，目前对于它的实证研究并不是很多。Almaas 等（2004）研究了新陈代谢反应的网络拓扑结构；Barrat 等（2004）研究了加权科学家合作网和加权全球航空网拓扑结构。Tieri 等（2005）研究了细胞间的通信过程网络拓扑结构；王翠君等（2008）研究了科研合作加权网络的拓扑结构；金秀等（2015）研究了我国股票市场的加权网络拓扑结构。在加权网络拓扑结构中挖掘出的独特的拓扑结构统计量有：权与权分布特征、权的相关性特征以及权与度的相关性特征等。

（2）复杂网络拓扑结构的优化研究

社会、经济及物理等领域的复杂网络功能的发挥主要以复杂网络结构的稳定性以及效率为基础，因此，对于复杂网络拓扑结构优化的研究主要集中在对复杂网络拓扑结构抗毁性研究及效率研究两个方面。

在复杂网络拓扑结构抗毁性研究方面，Albert 等（2000）最早对复杂网络拓扑结构的抗毁性问题进行了研究，通过比较 ER 随机网络和 BA 无标度网络在随机失效和蓄意打击两种冲击策略下的抗毁性，发现了无标度网络的 Robust-yet-Fragilete 特性，并提出了提高网络拓扑结构抗毁性能力的对策；Paul 等（2004）研究了单幂率网络、双幂率网络以及双峰分布网络的抗毁性，提出了增强网络拓扑结构抗毁性能力的优化路径；Tanizawa 等（2005）研究了波次攻击形式下的随机失效及蓄意打击同时作用于复杂网络拓扑结构的抗毁性优化问题；吴俊（2008）基于复杂网络内部的结构属性，将自然连通度作为网络抗毁性测度的指标，提出了复杂网络拓扑结构的优化方案；Jing 等（2010）对无线传感器的网络拓扑结构进行了分析，通过构建 Kleinberg 模型提出了改善网络容错性和可靠性的优化方案；黄仁全等（2012）运用 ADMPDE 算法对复杂网络拓扑结构的抗毁性进行了分析，建立了复杂网络拓扑结构的优化模型；陈文等（2015）对电力光缆传输网络拓扑结构的抗毁性进行了研究，并提出了优化方法。

在复杂网络拓扑结构效率的研究方面，Rafiee 等（2010）运用混合整数规划方法，对信息共享网络拓扑结构的优化问题进行了分析，提出了网络拓扑结构的效率的优化模型；Xue 等（2010）针对复杂网络拓扑结构网络传输效率的问题，提出了一种非均匀的复杂网络拓扑结构效率优化模型；Ouveysi 等（2010）利用 LCM-WP 方法对光纤网络拓扑结构中的拥堵问题进行了分析，提出了优化方案；郑啸等（2012）对北京交通网络拓扑结构进行了分析，通过优化网络拓扑结构改善了网络中乘客的换乘效率。郭兰兰（2013）对城市轨道线网络的拓扑结构进行了研究，通过构建城市轨道线网安全的评价指标，对网络拓扑结构中运行效率问题进行了优化；齐立磊等（2014）在对城市公交复杂网络拓扑结构分析的基础上，从路径选择、交换时间以及调度成本三个方面提出了优化对策；吴样平等（2015）构建了南昌九江综合交通网络，通过对网络拓扑结构特征进行分析，提出了改善网络运行效率的优化措施；张强等（2015）在考虑作战组织之间的复杂关系的基础上，通过构建多维加权作战网络拓扑结构，提高了作战效率；刘伟彦等（2015）对加权网络拓扑结构中的网络传输瓶颈问题进行了分析，提出了改善网络运行效率的优化路径。

1.2.1.2 复杂网络生成机制研究

最初的复杂网络的生成模型只有规则网络和随机网络两种。规则网络具有高的集聚系数和长的平均路径长度，而随机网络则具有低的集聚系数和短的平均路径长度，这两种网络生成模型都与现实网络相差较远，不符合现实网络具有高集聚性及短的平均路径长度的特征。因此，学者们开始尝试探索新的复杂网络模型的生成机制。随着研究的不断深入，越来越多的新的复杂网络生成模型被逐渐开发出来，在此过程中具有突出贡献的是 Watts 和 Strogatz（1998）提出的 WS 小世界网络模型，WS 小世界网络模型具有高的集聚系数和短的平均路径长度，这与现实世界中的绝大部分网络相吻合，但 WS 小世界模型仍存在着不便于理论分析的缺点。为了优化 WS 小世界网络模型的形成机制，Newman 等（1999）在 WS 小世界模型基础上发展出了 NW 小世界模型，用"随机化加边"代替了"随机化重连"。但是尽管如此，现实网络中的无标度特征仍旧无法在模型中很好地体现出来。为了进一步分析无标度特征及其产生机理，Albert 等（1999）发展出了一个无标度网络模型，该模型基于偏好依附规则生成，其度指数是一个常数 3，符合幂率分布特征。随后，学者们不断地对无标度网络的生成机制进行拓展，提出了各种无标度网络的改进模型，如原始吸引模型、适应度模型、非线性择优模型、幂率增长模型、对数增长模型以及随机与择优混合模型等。

以上提到的都是无权网络的生成模型，而在加权网络模型形成机制的研究方面，学者们也进行了大量的研究，这些研究根据赋权方式的不同可以分为两大类：一类是对固定权值加权网络模型生成机制的研究，即模型构建之初将边以一定规则赋权，其权值在模型的生成过程中保持不变。例如，Zheng 等（2003）在综合考虑节点的度及适应度等要素的基础上，对于节点间的连边赋予固定权重，生成了一个改进的无标度网络模型；Antal 等（2005）在考虑边权对网络结构影响的基础上，生成了一个具有固定权值的加权网络模型；付江月等（2015）在对城市物流网络空间结构进行分析的基础上，将宏观经济因素纳入模型中，生成了一个适用于城市物流网络空间结构的固定权值加权网络模型；金秀等（2015）在对股票市场网络拓扑结构分析的基础上，生成了符合中国股市网络时变特点的固定权值加权网络模型。另一类是对变动权值加权网络模型生成机制的研究，即在复杂网络模型的生成过程中，边权值随着模型的演化而不断改变。例如，Barrat 等（2004）基于边权逐渐加强的生成机制，生成了一个可以模仿现实系统中各要素间作用强度动态变化的加权网络模型；Li 等（2006）在对科学家合作网络的实证研究过程中，生成了一个基于科学家合作机制的变动权值加权网络模型；苏凯等（2009）通过调节网络规模和平均节点的强度，生成了一个网络节点呈现相关状态的变动权值加权网络模型；姜志鹏等（2015）基于网络节点重要性程度的评价矩阵，生成了一个变动权值加权网络模型；张瑜等（2015）在对产学研合作网络的研究中，考虑节点的退出机制，生成了一个产学研合作的变动权值加权网络模型。

1.2.1.3 复杂网络动力学研究

对于复杂网络动力学的研究可以细分为复杂网络的博弈动力学、复杂网络的传播动力学以及复杂网络的演化动力学三个研究脉络，其中，复杂网络博弈动力学主要研究的是复杂网络结构如何影响群体间的博弈决策及其涌现出的宏观行为；复杂网络的传播动力学则主要研究的是各要素（如创新、舆情及风险等）在网络中的传播机制；复杂网络的演化动力学主要研究的是复杂网络的演化规则、演化特征及演化的影响要素等问题。

（1）复杂网络的博弈动力学研究

对于复杂网络博弈动力学的研究最早始于二维规则网络，如 Nowak 等（1993）首次在规则网络中构建了囚徒困境博弈模型，研究发现网络结构对于博弈结果的宏观涌现具有显著的影响作用，随后，Abramson 等（2001）研究了小世界网络中囚徒博弈的过程，研究结果表明除了收益矩阵参数之外，网络的拓扑结构也是影响博弈收益的关键要素；Santos 等（2006）则研究了 BA 无标度网络中的囚徒博弈问题，结果发现在 BA 无标度网络拓扑结构中囚徒困境博弈会呈现出几乎完全合作的博弈结果；除了在规则网络、小世界网络与无标度网络中研究囚徒困境博弈模型之外，学者还在其他的复杂网络中研究了更加丰富的博弈模型，如 Vukov 等（2005）研究了层次网络中的囚徒困境博弈模型；Wang 等（2006）研究了复杂网络中的雪堆博弈模型；林海等（2007）在复杂网络中研究了重复囚徒困境博弈模型，研究表明加强和维护合作关系，对提高群体合作率具有显著影响；Szolnoki 等（2009）研究了复杂网络中的公共物品博弈模型；邓丽丽（2012）研究了复杂网络上的最后通牒博弈模型，预测了参与者财富分布等状况；李昊等（2012）基于少数博弈模型和复杂网络理论，分析了不同市场中学习机制等在博弈中的作用及效应；向海涛等（2015）通过引入不同的收益矩阵，分析了两个复杂网络间的囚徒困境博弈模型，结果发现当网络中的收益系数超过一定阈值时，网络个体间才能实现较高的合作水平。

（2）复杂网络的传播动力学研究

从研究对象的特征来划分，目前对于复杂网络传播动力学的研究可以分为有形对象的传播（例如，疾病及创新等）研究以及无形对象的传播（例如，舆情及风险等）研究两大类，有形对象在复杂网络中的传播过程、传播模式以及传播的影响要素等都与无形对象有着较大的差别。

首先，在对复杂网络中有形对象的传播动力学研究方面，Moore 等（2000）基于渗流理论研究了病毒在小世界网络中的传播过程，结果表明病毒在小世界网络中的传播阈值要小于在规则网络中的传播阈值；Pastor-Satorras 等（2001）研究了病毒在复杂网络结构中的传播过程，发现病毒的传播阈值随着网络结构的变化而变化；Moreno 等（2002）研究了具有异质性特征的复杂网络结构中疾病的传播和爆发过程，在半有向复杂网络中构建了疾病传播的平均场模型；张晓军（2009）通过构建基于复杂网络的创新扩散随机阈值模型，分析了新产品与新技术在复杂网络中的扩散规律；Hanool Choi 等（2010）基于小世界网络结构，通过构建创新扩散的阈值模型分析了网络重连概率、种子顾客数量以及创新扩散之间的影响关系；Peter 等（2011）基于无标度网络对意见领袖与创新产品扩散之间的影响关系进行仿真研究，发现意见领袖的创新性及规范压力等特征对于创新产品扩散的深度有着显著的影响；郭琳（2013）基于多种复杂网络拓扑结构分析了意见领袖、网络效应以及重复购买在产品复杂性对新产品创新扩散影响过程中的调节效应；张晓光（2014）通过数理推导求出了全局稳定时模型再生数的取值空间。

其次，在对复杂网络中无形对象的传播动力学研究方面，Zanette 等（2002）通过构建 SIR 平均场方程，研究了谣言在小世界网络结构中的传播过程，结果表明谣言在小世界网络中的传播具有一定的临界值；Moreno 等（2004）以无标度网络为基础，构建了一个舆情传播模型，并比较了随机分析和仿真分析两种分析方法结果的差异性；米传民等（2007）以 SEIRS 模型为基础，构建了一个危机扩散模型，并对危机在网络中的扩散路径、阈值及平衡点进行了分析；Gai 等（2010）在随机网络中研究金融风险的传染效应，结果表明金融网络具有既稳健又脆弱的特征；Vespignani（2012）在技术社会网络中，通过大数据实证分析了信息传播与病毒传播之间的区别；欧阳红兵等（2015）基于复杂网络的视角，利用多生成树（multiple spanning tree，MST）和平面最大过滤图（planar maximally filtered graph，PMFG）方法分析了金融网络系统性风险的传导机制，并通过实证分析验证了 MST 和 PMFG 方法的有效性和稳健性；况湘玲等（2015）构建了一个加权多社团复杂信任网络模型，在此基础上分析了舆情传播对网络信任度值的影响，结果表明在舆情的传播过程中，信任度趋势主要受奖惩幅度差值的影响；姚洪兴等（2015）基于无标度网络构建了企业间的风险传播模型，通过仿真分析剖析了企业间风险传播的影响因素。

（3）复杂网络的演化动力学研究

对于复杂网络演化动力学的研究可以细分为两个脉络。第一个研究脉络是基于各种数学算法来设定复杂网络的演化规则，并通过观察演化结果来提炼复杂网络的演化特征及规律，如 Dorogovtsev 等（2001）对复杂网络中的连边规则进行了拓展，使新节点与旧节点的连边数持续增长，提出了一种加速生长的复杂网络演化模型；Ai-xiang 等（2011）基于局部网络效应构建了共同邻居驱动的复杂网络演化模型；Brandt 等（2014）对社会网络的演化机制进行了研究，研究结果表明，节点在网络中的位置的核心性程度以及节点间的关系强度是影响社会网络演化的关键要素；郭进利等（2014）将超边增长机制和优先连接机制结合起来，构建了一个均匀超网络的演化模型，研究发现该模型具有幂率分布特征；刘艳等（2015）在超图理论的基础上，考虑节点及边的连接机制，构建了一种新的复杂网络演化模型，并利用连续化方法和平均场理论对模型的特征进行了剖析；刘刚等（2015）将复杂网络空间的概念引入到演化模型的构造算法中，提出了一种基于复杂网络空间的演化模型，通过数值仿真发现，该网络演化模型规模随时间呈指数增长，度分布函数较为稳定，且节点的介中心呈非均匀分布状态。第二个研究脉络则是将复杂网络与实际经济系统相结合，来研究现实网络的演化过程，如 Chun 等（2008）对 Cyworld 社交网站复杂网络结构的演化过程进行了分析，揭示了平均路径长度、集聚系数以及度与度分布等复杂网络结构统计指标随着网络的演化而呈现出的变动规律；Viswanath（2009）对 Facebook 中的活动性网络的演化过程进行了分析，发现相对于中层及顶层的活动性网络而言，底层的活动性网络具有更快的演化速度；胡海波（2010）通过解析研究和数值模拟方法分析了大型在线社会网络 Wealink 的演化过程及其上的动力学行为；谈亚洲（2012）以传统的适应度模型为基础，结合社区演化规则，分析了哈尔滨工程大学 ACM 论坛的回复关系网的演化过程，进一步验证了基于社区变化规则的复杂网络演化模型对于未来预测的准确性；姚灿中等（2012）通过对大众生产虚拟社区合作的复杂网络结构的演化过程进行研究，发现择优机制是其重要的演化机制；Li 等（2013）对软件网络的演化过程进行了研究，发现软件网络中个体对模块的偏好连接机制是其演化的关键机制；李晓青（2015）从复杂网络视角研究了产业集群的演化机制，在此基础上通过增加退出和补偿机制构造了一个改进的产业集群网络演化模型，该模型具有无标度网络特征，能够更好地解释产业集群的演化特征。

1.2.2　产品创新扩散研究综述

在创新扩散的研究文献中，很多文献对于"创新"概念的界定非常模糊，并没有明确指出创新的类型，因此很多属于产品创新扩散的研究文献仍以"创新扩散"这一词来表述；另外，有些创新扩散的研究文献虽然区分了创新的类型，但其研究思想以及研究模型仍以产品创新扩散为主。因此，本书为了更全面、系统地对产品创新扩散的文献进行梳理，会适当扩大文献的研究范围，只要其核心思想是以产品创新扩散为基础的文献，都将其纳入本部分的研究中，而不再严格区分创新类型所引起的表述上的差异性。

目前来说，对于产品创新扩散的研究可以分为宏观视角的产品创新扩散研究和微观视角的产品创新扩散研究两个研究脉络。

　　1.2.2.1 基于宏观视角的产品创新扩散研究

　　从宏观视角对产品创新扩散进行研究的文献，重点关注的是产品创新扩散的速度，一般以微分方程为基础，通过数理模型来分析和预测产品创新扩散的变动趋势。基于宏观视角的产品创新扩散的研究从内外部影响条件的差异性可以分为基于外部影响的产品创新扩散、基于内部影响的产品创新扩散以及基于混合影响的产品创新扩散三大类。

　　（1）基于外部影响的产品创新扩散研究

　　从外部影响的视角对产品创新扩散进行研究的文献，以 Fourt 等（1960）提出的外部影响扩散模型为代表，外部影响扩散模型也称为指数扩散模型，其只考虑外部影响对产品创新扩散的影响，而不考虑个体之间的交流与沟通在产品创新扩散中的作用，因此其扩散的曲线呈指数增长趋势。指数扩散模型提出后，学者们也开始尝试运用指数扩散模型来研究现实中的产品创新扩散问题，如 Shuster（1998）运用指数扩散模型对 IP 电话的扩散进行了实证分析，预测 IP 电话使用人数的变动趋势；刘晓曙（2008）利用 MCMC 方法对三种双指数跳跃扩散模型在股票市场扩散中的应用进行了实证分析和比较；葛乐乐（2012）通过构建双指数跳跃扩散模型，对中国证券市场中的扩散问题进行了实证分析，解释了中国证券市场中的波动率微小及尖峰厚尾等扩散现象。但由于外部影响模型巨大的局限性，以及 Bass 模型的出现及完善，外部影响模型被逐渐淘汰，目前来说，已经极少有人单纯地应用外部影响模型来研究产品创新扩散的相关问题。

　　（2）基于内部影响的产品创新扩散研究

　　从内部影响的视角研究产品创新扩散的文献，以 Mansfield（1961）提出的内部影响扩散模型为代表，该类模型认为产品创新扩散主要通过系统内个体的交流与沟通进行，这种扩散过程类似于传染病的扩散形成，因此内部影响模型也称为传染病模型。传染病模型提出后，学者们从不同的角度对其进行了研究，如 Bemmaor（2002）放宽了传染病模型中的同质性假设条件，提出了一个个体非均匀分布的 Gompertz 传染病扩散模型；李勇等（2005）构建了集群创新扩散的 SIR 模型，通过实证分析发现，度值大的企业节点在创新扩散过程中发挥着意见领袖的功能；Rouvinen（2006）利用传染病模型对发达国家与发展中国家的移动电话的扩散情况进行了实证分析，结果表明扩散环境对创新扩散有着重要的影响；Kiss 等（2010）利用传染病模型对创新扩散的演化过程进行了分析；洪振挺（2012）构建了城市创新扩散的 SIRS 模型，研究了城市创新网络上的扩散问题；曹斌（2014）以 SIS 模型的核心思想为基础，结合复杂网络理论提出了基于遗忘水平的创新传播模型；高长元等（2014）将网络的要素融入传染病模型中，构建了软件虚拟产业集群创新扩散的传染病模型，并分析了不同参数条件下创新的扩散规律，王砚羽等（2015）利用传染病模型对商业模式的扩散机制进行了仿真分析，探讨了创新源规模、传染率及拒绝率等要素对商业模式创新扩散的影响。

（3）基于混合影响的产品创新扩散研究

Bass（1969）综合考虑了社会系统外部因素及内部个体间相互关系的共同作用对创新扩散的影响，提出了混合影响模型，即 Bass 模型。Bass 模型的提出是创新扩散研究史上的一个里程碑，其一经提出便引起了社会各界的广泛关注，学者们也掀起了对 Bass 模型的研究浪潮，Bass 模型很快被应用到各个研究领域，如 Talukdar 等（2002）利用 Bass 模型对多种新产品的扩散进行了实证分析，结果发现，创新系数的平均值在 0.0007 到 0.03 之间，而模仿系数的平均值在 0.38 到 0.53 之间；Meade 等（2006）利用 Bass 模型分别对发达国家和发展中国家的新产品扩散进行了实证分析，结果表明，发展中国家新产品扩散的模型系数和创新系数都要高于发达国家，且工业产品扩散的模仿系数比耐用品扩散的模仿系数大；Turk 等（2012）利用 Bass 模型对欧盟宽带产品的扩散情况进行了分析和预测；Phuc 等（2013）以 Bass 模型为基础，结合供应链的运行机制，构建了三级供应链生产优化模型；曾鸣等（2013）利用 Bass 模型对我国电动汽车未来 10 年的扩散趋势进行了预测，结果表明，我国的电动汽车正处于快速发展的阶段，在未来的 10 年中，其扩散速度将持续上升；赵保国（2014）利用 Bass 模型分析了微信用户数量的扩散情况，并对移动互联网新产品的扩散趋势进行了展望；程静微（2013）利用 Bass 模型对我国移动互联网的用户扩散情况进行了实证分析，结果发现，我国移动互联网用户扩散的模仿系数要比创新系数大得多；朱开伟等（2015）利用 Bass 模型对超临界机组和超超临界机组的扩散进行了分析，预测了两者扩散的周期及政府投资的影响作用。

虽然 Bass 模型综合考虑了内外部影响因素，更加符合实际情况，适用范围也更为广泛，对实际数据的拟合度较高，但同时存在着假设条件过多带来的限制性。因此，后来学者以 Bass 模型为基础，通过放宽 Bass 模型的假设条件提出形形色色的 Bass 模型的改进模型，即 Bass 模型簇。例如，Robinson 等（1975）将价格策略引入 Bass 模型中，拓展了 Bass 模型；Easingwood 等（1983）放宽了模型系数固定不变的假设条件，构建了一个更加柔性的非均匀的创新扩散模型；Horsky 等（1983）将广告效应引入 Bass 模型中，构建了基于营销策略的创新扩散模型；Kamakura 等（1987）在 Bass 模型中首次加入了重复购买系数，弥补了传统 Bass 模型的缺陷；Shaikh 等（2005）放宽了 Bass 模型中的全局网络效应的假设，构建了基于小世界网络的创新扩散模型；陈国宏等（2010）对 Bass 模型中创新扩散的影响因素进行分类，分析了产业集群技术创新扩散过程；Fanelli（2012）考虑了消费者的前瞻行为，提出了基于时间延迟的 Bass 模型；李凌云等（2013）通过加入决策变量，对 Bass 模型进行了拓展，预测了中国电动汽车的销售量；杨国忠等（2013）综合考虑了时间延迟、动态市场潜力以及非独立性等因素，构建了基于系统动力学方法的 Bass 改进模型；王砚羽等（2013）从时间延迟及竞争因素两个方面对传统的 Bass 模型进行了拓展；李刚（2015）将价格因素纳入 Bass 模型中，研究了产品创新扩散最优解与参数灵敏度等问题。

1.2.2.2 基于微观视角的产品创新扩散研究

从微观视角对产品创新扩散进行研究的文献，主要关注的是消费者的属性及行为，通过观察消费者的决策行为与消费者之间的互动关系及其涌现出的宏观扩散现象来分析产品创新扩散的运行规律，解释产品创新扩散的微观机理。基于微观视角的产品创新扩散的研究可以分为基于阈值机制的产品创新扩散研究、基于个体间策略性互动的产品创新扩散研究以及基于消费者行为特征的产品创新扩散研究三个部分。

（1）基于阈值机制的产品创新扩散研究

此类模型以 Granovetter（1978）提出的群体行为阈值模型为代表，认为系统内的个体会受到其他采用者的影响，且当影响累积到一定程度并超过某一阈值时，个体才会决定采纳某一新产品或新技术。此类模型重点在于刻画系统内个体所受影响的累积程度，与内部影响模型有本质上的区别，一般用于系统内部较大规模的创新扩散。之后学者们从多方面对阈值模型进行了完善，如 Morris（2000）在假设系统中的个体之间具有同质性的前提下，提出了同质群体扩散模型，分析得出当个体周围的其他邻居个体对于某种选择的比例超过一定值时，个体将采纳此种决策选择，并认为扩散能通过一定的方式驱使群体选择趋于一致；Conley 等（2003）和 Young（2005）则假设系统的个体间在"对创新结果的预期不同"及"风险厌恶程度不同"等方面具有异质性，此类特征会导致个体采纳阈值的不同，研究得出创新的信息及创新的成本等的变化会导致长期采用者的比例发生变化；张晓军（2009）将随机因素加入模型中，构建了基于复杂网络的随机阈值扩散模型，对新产品和新技术扩散的初值敏感性、网络权重等问题进行了仿真分析；Hannool Choi 等（2010）构建了一个由"种子顾客"启动的阈值模型，分析了网络结构与网络效用在创新扩散中的作用；Peter 等（2011）将消费者群体分为意见领袖和追随者两种类型，并对两种类型的消费者的特征进行了实证分析，在此基础上构建了意见领袖与创新扩散关系仿真研究的阈值模型，分析了意见领袖在创新扩散中的作用。何铮等（2013）构建了产品创新扩散的随机阈值模型，并对四川大灵通产品的扩散进行了实证分析，结果表明，随机阈值模型不仅可以较好地解释创新扩散的微观机制，也能很好地与现实的扩散曲线拟合，来预测产品创新扩散的变动趋势；刘丹等（2014）构建了基于双阈值的新产品扩散的修正模型，并对新产品的扩散情况进行了实证分析。

（2）基于个体间策略性互动的产品创新扩散研究

此类模型重点关注扩散过程中的策略性互动，在分析过程中，将创新扩散的过程理解为个体间行为或现象的形成及演化，将扩散结果理解为博弈的均衡选择。例如，Young（1996）利用随机演化博弈模型对社会经济中惯例的扩散过程进行了研究；Burke 等（2001）利用演化博弈模型对交易网络中交易规则和习惯的扩散进行了研究；Droste 等（2004）利用协同博弈模型对网络群体中的两种行为，即有利于控制风险的行为和不利于控制风险的行为的扩散过程进行了研究；Moyano 等（2005）研究了小世界网络上的创新扩散的演化博弈问题；Axelrod（2006）首先利用重复囚徒困境模型对合作关系的扩散进行了研究；Nowak（2010）研究了二维空间规则格子上扩散的重复囚徒困境博弈和雪堆博弈；张震等（2011）通过构建序贯博弈模型对技术创新扩散中扩散源之间的竞争关系进行了研究；Santos 等（2012）研究了无标度网络上的创新扩散的演化博弈问题；常悦等（2013）以 Rubinstein 的讨价还价博弈模型为基础，对创新扩散过程中的创新供给方与创新采纳方之间的博弈关系进行了分析，解释了创新扩散具有外部选择时的收益问题；王保林等（2013）通过构建协调博弈模型对知识效能和知识互补性对知识扩散的影响进行了研究，研究表明，知识基础在知识效能对知识扩散的影响中起着关键的调节作用；徐建中等（2015）基于演化博弈构建了一个包含市场机制和政府规制的链式创新扩散模型，通过数值仿真模型，发现市场机制和政府规制对于创新扩散有着正向的促进作用，但这种影响作用需要一定的条件才能成立。

（3）基于消费者行为特征的产品创新扩散研究

此类模型重点关注消费者在创新采纳过程中的行为特征及心理因素，主要包括从众效应与网络效应及其对创新扩散的影响。

首先，在从众效应的研究方面，Leibenstein（1950）将从众效应定义为当某种产品创新的采纳人数增多时，个体对该产品创新的需求会随之增强，或者说当更多的其他个体采纳某种产品创新时，该产品带给采纳者的效用也会随之提高；Abrahamson 和 Rosenkopf（1997）采用定量研究方法，分析得出社会规范、竞争压力以及社会网络结构等都是产生从众效应的重要原因；赵良杰（2010）考虑了创新采纳个体之间的互动关系，构建了一个基于从众效应的创新扩散模型，并通过仿真分析和回归分析相结合的方法分析了创新扩散的相关问题，探讨了从众效应、个体采纳阈值及个体类型之间的互动关系；张鸽萍（2015）研究了从众效应对网络热点扩散的影响机制；而虚荣效应正好与之相反，指当某种产品的采纳人数增多时，个体对该产品的需求会随之减弱，或者说当更多的其他个体采纳某种产品创新时，该产品带给采纳者的效用也会随之下降。Alkemade 等（2005）利用遗传算法在复杂网络拓扑结构中对创新扩散的问题进行分析，比较了虚荣效应和从众效应对创新扩散影响的差异性；赵正龙（2008）利用平均场理论分析了差异化偏好特征条件下网络结构与策略风险占优度对创新扩散的影响；还有部分学者在研究中提出企鹅效应及羊群效应等类似的概念，此类现象描述及应用的侧重点各有不同，但从本质意义上来讲也是一种从众效应，如 Thun 等人（2000）根据从众效应和企鹅效应对 Bass 模型进行修正，在此基础上对创新扩散等问题进行了仿真分析。

其次，在口碑效应的研究方面，Bristor（1990）认为口碑是一种非正式的信息传递途径，具有信度高、速度快、信息量大等特点，其能将产品创新的信息通过人际沟通迅速有效地传递给消费者，并对其消费行为产生直接而显著的影响，这种影响作用被定义为口碑效应；Fudenberg（1998）运用口碑效应对一般性扩散模型进行研究，分析了正面信息、中立信息及负面信息等不同信息类型对最终创新扩散结果的影响；Assael（1992）对网络口碑的影响因素进行了分析，研究发现匿名性特征是网络口碑强大影响力的关键来源；Smith等（2005）对互联网信息的扩散进行了实证分析，结果表明消费者在对口碑信息进行筛选时，会着重考虑传播口碑的个体的特征是否与自己相似；Wangenheim（2005）对电信行业的产品扩散进行了实证分析，发现感知风险、产品涉入度等因素对于负面口碑的传播行为有着重要的影响；张磊等（2012）以太阳能热水器为例，对低碳能源技术在农村扩散过程中的口碑效应进行了实证分析，并提出了促进太阳能热水器发展的政策改进意见；丁海欣（2013）构建了基于负面口碑效应的创新扩散的微观决策模型，比较了存在负面口碑效应的创新扩散与不存在口碑效应的创新扩散之间的差异性；卢长宝（2014）利用社会网络理论以及自组织理论，对社交媒体负面口碑的扩散情况进行了分析，研究发现口碑发布者类型、口碑表达方式等对于负面口碑的扩散有着重要的影响。

1.2.3 研究综述评述

综合上述文献可知，学者们对于复杂网络理论与产品创新扩散理论的研究取得了一定的成果，其研究内容、研究方法以及研究思路等也都在不断丰富和完善，但通过对文献进行梳理，笔者发现目前的研究仍然存在以下几点不足之处：

（1）基于微观视角的产品创新扩散的研究还有待进一步丰富和完善。基于宏观视角的产品创新扩散的研究文献，已经形成以 Bass 模型及其 Bass 模型簇为研究主体的相对完善的理论体系，而基于微观视角的产品创新扩散的研究起步相对较晚，加之其以产品创新的微观采纳个体为研究对象，研究起来更加抽象和复杂，因此，基于微观视角的产品创新扩散研究仍处于发展和完善阶段，其研究内容及研究方法等仍需要进一步探索和挖掘，其理论体系也需要进一步丰富和完善。

（2）复杂网络理论的应用范围还有待进一步拓展。复杂网络理论作为复杂系统科学中的一个分支，近几年随着计算机技术的完善，得到了快速的发展，但由于复杂网络理论的复杂性及抽象性，应用起来具有较高的难度，因此到目前为止其仍然处于与其他学科进行交叉融合的早期阶段，应用范围较小，还有待进一步拓展。

（3）产品创新扩散与复杂网络的融合程度还需要进一步提高。对相关文献进行梳理可知，从网络视角来研究产品创新扩散正逐渐成为一种趋势，基于此，学者们已经开始尝试运用复杂网络理论来研究产品创新扩散的相关问题，但到目前为止，基于复杂网络来研究创新扩散的文献仍然非常少，两者之间的融合程度还有待进一步提高。

1.3　本书的研究思路、研究内容及研究方法

1.3.1　本书思路

首先，本书在对现实社会发展背景及国内外研究现状进行分析的基础上，提出基于复杂网络的产品创新扩散这一研究主题；其次，对这一研究主题涉及的理论基础进行了分析，包括产品创新扩散概念、特征及结构分析，复杂网络拓扑结构类型及统计描述以及多智能体建模仿真方法分析三个部分，在此基础上，构建了基于复杂网络的产品创新扩散的概念模型，对概念模型的基本要素及逻辑架构进行了剖析，提炼出产品质量、促销活动、意见领袖及品牌竞争四个在产品创新扩散过程中发挥重要作用的关键要素，并结合目前研究的不足之处，提出了论文研究的四个核心问题，即基于复杂网络的产品质量与产品创新扩散的关系研究、基于复杂网络的促销活动与产品创新扩散的关系研究、基于复杂网络的意见领袖与产品创新扩散的关系研究及基于复杂网络的品牌竞争与产品创新扩散的关系研究，并在对消费者决策过程分析的基础上，构建基于复杂网络的产品创新扩散的阈值模型及其拓展模型，在一定的复杂网络拓扑结构中，运用多智能体仿真方法，对四个核心问题进行了仿真分析，以揭示产品质量、促销活动、意见领袖及品牌竞争与产品创新扩散之间的影响关系，以及网络结构、起飞时间、市场环境及重复购买四个变量在其中的影响作用，最后基于仿真结果提出促进产品创新扩散的发展建议。整体的研究思路如图 1.1 所示。

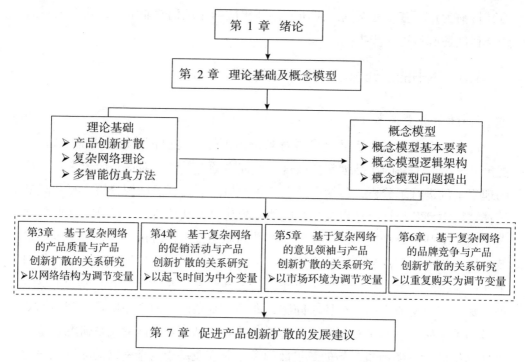

图 1.1 基于复杂网络的产品创新扩散研究的框架图

1.3.2 研究内容

本书的研究内容主要分为 8 章：

第 1 章绪论。本章首先介绍了本书的研究背景、目的及意义，并对复杂网络理论与创新扩散理论的研究现状进行了梳理，然后对本书的研究思路、研究内容及研究方法进行了阐述，最后提出了本书的主要创新点。

第 2 章理论基础及概念模型。本章首先对本书研究的理论基础进行了分析，包括产品创新扩散的概念、特征及结构研究，复杂网络拓扑结构类型及统计描述研究以及基于多智能体建模的仿真方法研究三个部分，其次构建了基于复杂网络的产品创新扩散的概念模型，并对概念模型基本要素及逻辑架构进行了分析，在此基础上，针对产品质量、促销活动、意见领袖及品牌竞争在产品创新扩散过程中的关键作用，并结合目前研究的不足之处，提出了本书研究的四个核心问题。

第 3 章基于复杂网络的产品质量与产品创新扩散的关系研究。本章首先对产品质量的构成要素以及与产品创新扩散启动强度之间的关系进行了分析，然后对产品质量与产品创新扩散关系的调节变量进行了选择和分析，在此基础上，以复杂网络为仿真环境，从"产品质量、重连概率与产品创新扩散""产品质量、网络规模与产品创新扩散"及"产品质量、网络密度与产品创新扩散"三个方面展开相应的仿真分析，基于仿真数据来揭示产品质量与产品创新扩散之间的影响关系及网络结构在其中的影响作用。

第 4 章基于复杂网络的促销活动与产品创新扩散的关系研究。本章首先对促销活动的两种类型进行了研究，然后对促销活动与产品创新扩散关系的中介变量进行了选择和分析，在此基础上，以复杂网络为仿真环境，从"大众传媒推广活动、起飞时间与产品创新扩散"及"目标市场选择策略、起飞时间与产品创新扩散"两个方面展开相应的仿真分析，基于仿真数据来揭示促销活动与产品创新扩散之间的影响关系及起飞时间在其中的影响作用。

第 5 章基于复杂网络的意见领袖与产品创新扩散的关系研究。本章首先对意见领袖的概念、特征及识别方法进行分析，然后对意见领袖与产品创新扩散关系的调节变量进行了选择和分析，在此基础上，以复杂网络为仿真环境，从"意见领袖规模、市场环境与产品创新扩散"及"意见领袖创新性程度、市场环境与产品创新扩散"两个方面展开相应的仿真分析，基于仿真数据来揭示意见领袖与产品创新扩散之间的影响关系及市场环境在其中的影响作用。

第 6 章基于复杂网络的品牌竞争与产品创新扩散的关系研究。本章首先对品牌的概念及影响要素进行了分析，然后对品牌竞争与产品创新扩散关系的调节变量进行了选择和分析，在此基础上，以复杂网络为仿真环境，从"转换成本、重复购买与产品创新扩散"及"进入时间、重复购买与产品创新扩散"两个方面展开相应的仿真分析，基于仿真数据来揭示品牌竞争与产品创新扩散之间的影响关系及重复购买在其中的影响作用。

第 7 章促进产品创新扩散的发展建议。本章结合前文仿真分析的结果，从产品质量、促销活动、意见领袖以及品牌竞争四个方面提出产品创新扩散的发展建议。

第 8 章结论及展望。本章对各核心章节的研究结论进行了系统性的梳理和总结，从研究方法、研究内容及研究思路等方面提出现在研究存在的局限性和不足之处，并针对这些不足之处提出未来进一步研究的改进方案和设想。

1.3.3　研究方法

1.3.3.1 文献分析方法

笔者通过各种网络资源（图书馆网络库、Google Scholar 等）及图书馆书库对复杂网络及创新扩散等相关领域的研究文献进行搜集与阅读，了解相关研究领域的主要研究问题、研究方法及研究结果，从中发现已有的研究在前提假设、研究方法等方面有哪些局限性，针对这些不足提炼出本书的核心研究问题。

1.3.3.2 跨学科分析方法

本书综合运用了复杂网络、社会网络和创新扩散研究的成果，体现了学科间的交叉和融合，使得产品创新扩散研究得以在一个系统的、更加全面的平台上进行。

1.3.3.3 系统分析方法

本书在建立理论体系时强调完整性和全面性，将产品创新扩散作为一个复杂系统来考虑，并基于系统的角度对产品创新扩散的概念、特征及结构进行了分析，奠定了论文研究的理论基础。

1.3.3.4 仿真分析方法

以复杂网络为基础，以阈值机制为核心，在对消费者决策过程分析的基础上，构建了基于复杂网络的产品创新扩散的阈值模型，在复杂网络环境中，运用多智能体仿真方法对"产品质量与产品创新扩散""促销活动与产品创新扩散""意见领袖与产品创新扩散"及"品牌竞争与产品创新扩散"四个产品创新扩散过程中的关键问题进行了仿真分析。

1.3.3.5 模糊综合评价方法

本书在对产品质量、促销活动、意见领袖及品牌竞争与产品创新扩散的关系进行仿真分析时，运用了模糊综合评价方法，通过专家调查问卷的形式，对仿真模型的一部分参数进行设置，如在对产品质量参数值进行设置时，就用到了模糊综合评价法，以确定产品效用对潜在消费者的影响比例。

1.4　本书的创新之处

（1）本书对传统的阈值模型进行了改进，构建了一个包含大众传媒、产品效用以及规范压力等要素在内的新的阈值模型。与传统的阈值模型不同，本书构建的阈值模型将大众传媒的信息传递效应与规范压力区分开，使产品创新的扩散过程更加符合实际情况，并对产品效用及规范压力的评价规则进行了进一步的拓展，使模型的研究范围及深度也得到大幅度提高。

（2）本书将网络结构要素作为调节变量纳入产品创新扩散的研究中，从重连概率、网络规模以及网络密度三个维度来分析产品质量与产品创新扩散之间的影响关系，基于多维、动态的仿真数据，更全面、深入地揭示产品质量与产品创新扩散之间的影响规律，弥补了以往产品质量与产品创新扩散关系的研究对网络结构要素考虑不足的缺陷。

（3）本书在对文献梳理的基础上，将促销活动分为大众传媒推广活动及目标市场选择两种类型，然后在复杂网络环境下，利用 ABM 仿真方法分别分析了大众传媒推广活动和目标市场选择两种促销活动与起飞时间及产品创新扩散之间的互动关系，基于多维、动态的仿真数据，在一个更全面的分析架构中深入揭示促销活动、起飞时间与产品创新扩散之间的影响规律，弥补了以往促销活动的研究内容单一、零散且研究方法多为定性分析的缺陷。

（4）本书将产品创新的采纳者群体分为意见领袖与追随者两种类型，并分别在时尚市场与非时尚市场两种市场环境中，来分析意见领袖规模及创新性程度的动态变化对产品创新扩散的影响情况，基于多维、动态的仿真数据，揭示意见领袖与产品创新扩散之间的影响规律，弥补了以往产品创新扩散研究对采纳者群体异质性特征考虑不足的缺陷。

（5）本书构建了两种竞争性产品扩散的品牌竞争扩散模型，并在考虑重复购买因素的基础上，从转换成本和进入时间两个方面分析了品牌竞争与产品创新扩散之间的关系，基于多维、动态的仿真数据，全面、深入地揭示品牌竞争与产品创新扩散之间的影响规律，弥补了以往产品创新扩散研究多为垄断扩散环境中单个新产品扩散，而对竞争扩散环境中的竞争性产品扩散问题研究不足的缺陷。

第2章 理论基础及概念模型

2.1 基于复杂网络的产品创新扩散的理论基础

2.1.1 产品创新扩散的概念、特征及结构

2.1.1.1 产品创新扩散的概念

产品创新指的是在技术上有变化的产品的商业化。根据技术变化程度的大小，产品创新可以分为全新的产品创新和渐进的产品创新两种类型，由于本书研究的是产品创新的扩散过程，关注的是产品创新扩散的成果，因此，本书不再从技术变化的程度方面对产品创新进行分类，而是参考创新扩散领域中的学者们的研究思路，将产品创新界定为技术创新成果可被消费者使用的最终新产品，产品创新扩散也可称为新产品的扩散。"扩散"原本是物理学中的一个概念，指的是物质随着时间的变化在媒介中的传播过程。最早将扩散的概念引入创新研究领域从而提出创新扩散概念的是 Schumpeter（1921），他将创新在企业间大面积的模仿行为称为"创新的扩散"，随后，学者们从不同的角度对创新扩散的概念进行了界定，如 Stoneman（1983）将创新扩散界定为个体间的一种学习过程，Scholtz（1990）将创新扩散界定为创新通过市场与非市场渠道的传播过程；Metcalf（1984）则认为创新扩散是一种选择过程；我国学者傅家骥（1998）认为创新扩散是创新通过一定渠道在潜在采纳者之间的传播、采纳过程；杨敬辉等（2005）认为创新扩散是创新与经济结合的运行过程。

综上所述，本书从复杂网络的视角出发，结合学者们对创新扩散概念的界定，认为产品创新扩散指的是在一定的扩散环境中（如垄断扩散环境与竞争扩散环境等），新产品通过扩散媒介（大众传媒及人际交流网络等），在潜在目

标市场的消费者网络中随着时间变化被网络个体逐渐采纳的过程，其中企业借助扩散媒介制定的促销活动是产品创新扩散的外部影响要素，而消费者网络中的局部网络效应则是产品创新扩散的内部影响要素，在新产品扩散过程中，促销活动将新产品质量的相关信息在消费者网络中进行传播，来形成消费者网络中的首批采纳者（以意见领袖为主），首批采纳者出现后便会通过局部网络效应以及局部网络效应的串联来影响其他消费者的采纳行为，推动新产品的持续扩散。

2.1.1.2 产品创新扩散的特征

产品创新扩散是一个由扩散源、扩散媒介及扩散汇等多主体参与、主体间非线性耦合及耦合关系动态演化的复杂系统，从系统论的视角可以将产品创新扩散的特征归纳为非线性、动态性、开放性及自组织性四个方面，具体内容如下。

（1）非线性

非线性的概念源自数学方程，用以表示解的不唯一性和不确定性。在复杂系统中，非线性则表示系统中各主体或要素间的原因和结果的不对称性。复杂系统中的微小涨落之所以能被放大，靠的就是系统中各主体及要素间的这种非线性相互作用关系。产品创新扩散作为企业的一种选择性、模仿性及创造性的活动过程，必然包括了众多的不可控、随机性及偶然性的因素，主要体现为产品创新预期收益的不确定性、产品创新政策的不确定性、市场竞争环境的不确定性、创新采纳需求的不确定性及创新采纳主体间关系的不确定性等几个方面，因此非线性是产品创新扩散系统的基本特征，这种非线性作用关系使得产品创新扩散系统充满着随机性和偶然性，充分体现了产品创新扩散的复杂性。

（2）动态性

动态性是指系统在系统各主体间非线性相互作用力的推动下呈现出的一种持续演变的运动状态。产品创新扩散系统中的企业、消费者及大众传媒等主体之间通过一定的组合和运行方式相互作用、相互制约和相互激发，并随时空的推移不断地发展变化，呈现出系统演进的动态性特征。同时，产品创新扩散系统与外部环境不断地进行人才、资金、信息及知识等要素的互通流动，并在此过程中不断从系统内部及外部环境获得反馈信息并不断地进行自我调整，以推动产品创新扩散系统向更高级别的系统层次演化。因此，产品创新扩散系统既是开放的系统，又是一个动态过程，具有动态性。

（3）开放性

开放性是指系统的边界不是封闭、孤立的，而是与外部环境存在着密切的互动关系。产品创新扩散系统在运行过程中，每一个环节都存在着与外部环境的密切联系，如扩散源企业需要依据当地的经济环境、政策环境及社会环境状况来调整产品创新的方向和轨道，扩散汇则需要依据市场环境来调整对某项产品创新的预期效用的评估等。尤其是在经济全球化的今天，随着人才、知识及资本等资源流动的跨区域、跨国化发展，产品创新扩散系统的开放性愈加突出。产品创新扩散系统为了保持其自组织性，就必须与外界进行资源、信息及人才等的交换，不断地从外部环境获得维持系统自组织演进的负熵流，形成具有典型耗散结构特征、远离平衡态的开放系统。

（4）自组织性

自组织是指系统在没有外部指令的驱动下，依据外部环境的变化而自行产生特定有序结构的过程。一个系统只有在满足开放性、远离平衡态、非线性及随机涨落这四个条件的前提或情况下，才能通过系统各主体要素间的互动及协同效应，形成系统从无序到有序的自组织现象。产品创新扩散系统是一个开放的复杂系统，与外部环境存在着信息、资源及能量的交流和互动，同外界始终存在着一定的"差异"，即远离平衡态。同时，产品创新扩散系统中"扩散原因"和"扩散结果"间的不对称性，体现了系统的非线性特征，而产品创新扩散的众多诱因，如利润追求、竞争压力驱动以及制度安排等形成了产品创新扩散系统的涨落，最终使得产品创新扩散系统的自组织现象得以实现。

2.1.1.3 产品创新扩散的结构

产品创新扩散系统主要由扩散源子系统、扩散媒介子系统、扩散汇子系统和扩散环境子系统构成，每个子系统都可以视为总系统的一个动力模块，各子系统之间通过多重反馈的互动关系，涌现出系统宏观动态行为。

（1）扩散源子系统

扩散源子系统的主体是指提供产品创新的个体或组织，包括企业、科研院所、大学及政府部门等，但从研究的角度讲，其主体多为企业，其采纳者多为消费者。扩散源子系统的主要功能是提供具有综合属性优势的产品创新，来影响扩散汇子系统的采纳行为，并在扩散汇的采纳过程中获得销售收入。扩散源子系统利用销售产品创新的收益来进一步地进行产品创新的研发。

（2）扩散媒介子系统

产品创新扩散系统的扩散媒介子系统的主体包括两类：一类是大众传媒，包括报纸、杂志、电视等媒体；另一类是人际交流网络。扩散媒介子系统的主要功能是把产品创新的相关信息向扩散汇子系统进行传播，来影响扩散汇的采纳行为，并为扩散源和扩散汇之间提供交流的平台和机会，提高产品创新扩散的成功率。在此过程中，扩散媒介子系统会间接地获取产品创新扩散带来的收益，如媒体会获得更大关注度，从而提高其收视率或期刊、杂志的销售量，人际交流网络也会在产品创新扩散的过程中变得更加紧密和活跃。

（3）扩散汇子系统。产品创新扩散系统的扩散汇子系统的主体是指采纳产品创新的潜在消费者。扩散汇子系统出于生活或社交的需要，会通过扩散媒介子系统搜寻产品创新的相关信息，并对这些信息进行筛选和评估，当消费者对产品创新评估的预期收益大于其采纳阈值的时候，其会采纳该产品创新，否则不会采纳该产品创新。

（4）扩散环境子系统。扩散环境子系统是指扩散源子系统、扩散媒介子系统和扩散汇子系统所处的市场环境。扩散环境子系统一方面为其他子系统的运行提供能量和创造有利条件，另一方面它也是其他三个子系统的约束条件，制约着其他各子系统的行为方式，并反过来受其他子系统行为方式的影响，在与其他各个子系统之间的互动过程不断地发展演化，如图 2.1 所示。

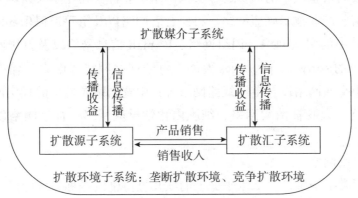

图 2.1　产品创新扩散的系统结构

2.1.2　复杂网络拓扑结构类型及统计描述

复杂网络理论起源于瑞士数学家 Euler 对著名的七桥问题的研究。18 世纪，在东普鲁士哥尼斯堡的一个公园里，有两个岛坐落在普雷格尔河中，这两个岛与河的两岸被七座桥连接起来。在每个星期六当地的市民都会做一项非常有趣的娱乐活动，他们努力尝试着是否能每座桥都只经过一次并且起点与终点是同一个地点。久而久之，就产生了这样一个创智数学（recreational mathematics）问题：行人能否在不重复而且每座桥都走一次的情况下，走遍这七座桥，最终回到初始地？直到 1736 年，年仅 29 岁的 Euler 向圣彼得堡科学院递交了一篇名为《哥尼斯堡的七座桥》的论文，在这篇论文中他证明了"七桥问题"是一个不可能解答的问题，并给出了证明。他的论点是这样的：除了起点以外，每当人们要从一个岛（或河岸）走入下一个岛（或河岸）时，必须先离开上一个岛（或河岸），所以每经过一个岛（或河岸）应计算为两座桥，并且从离开起点走的桥到最后回到起点走的桥也应计算为两条路线。因此，每一个岛（或河岸）与其他的岛（或河岸）连接的桥数必为偶数。Euler 在完美地解决了哥尼斯堡居民提出问题的同时也开创了数学的一个新的分支——图论与拓扑学。这篇文章是有关图论的首篇文章。这是首次用网络的观点来描述客观现象，由此图论成为复杂网络研究的初始工具。图论在相当长的一段时间内对网络结构的研究产生着重大的影响，直到现在仍旧是复杂网络研究的重要工具。

2.1.2.1 复杂网络的拓扑结构类型

到目前为止，学者们已经发现和整理的网络拓扑结构类型涵盖了多个领域，如社会网络领域中的演员合作关系网络、软件公司竞争关系网络、物理学家合作网络、产业技术联盟网络、科研合著网络以及空手道俱乐部网络等；信息网络领域中的引文网络、词组网络、E-mail 信息网络以及万维网等；技术网络领域中的 software packages 网络、电子回路网络、电力传输网络、航空网络、城市交通网络以及电话线路网络等；生物网络领域中的代谢网络、蛋白质作用网络、大肠杆菌酶网络、细胞内化学反应网络、神经网络以及食物网络等。

（1）规则网络

我们通常把一维链、二维平面上的欧几里得格网等称为规则网络。全耦合网络、最近邻耦合网络以及星形网络是规则网络的三种基本类型。其中，全耦合网络中任意节点间都是相互连通的，其网络的平均路径长度与集聚系数都为 1，如图 2.2（a）所示。最近邻耦合网络中每个节点都与其左右相同数量的邻居节点进行连接，如图 2.2（b）所示。星形网络结构中有一个中心节点，其他的节点都与该中心节点进行连接，且其他节点之间彼此独立，互不相连，如

图 2.2（c）所示。无论是全耦合网络、最近邻耦合网络还是星形网络，由于其过于特殊，都与实际的网络模型相差较远。

（a）全耦合网络示意图

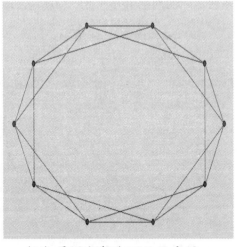
（b）最近邻耦合网络示意图

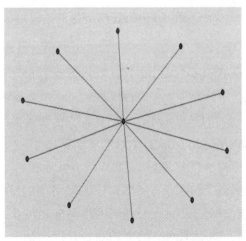
（c）星形网络示意图

图 2.2　三种典型的规则网络

（2）随机网络

Erdos 和 Renyi（1960）定义的 ER 模型是随机网络研究中最普遍的一种生成模型。其定义为：存在 N 个顶点，则理论上最多存在 C_N^2 条边，从中随机选取 M 条边构成的网络称为随机网络。ER 随机网络的另一种描述方式为：给定数量为 N 的节点，其中任意两个节点之间以概率 P 进行连边，每对节点对之间只能进行一次连边尝试，当所有的节点对都完成连边尝试后，所形成的网络为随机网络。随机网络一般具有低的集聚系数和短的平均路径长度，因此与大多数实际的网络并不一致，不适合作为实际网络模型，如图 2.3 所示。

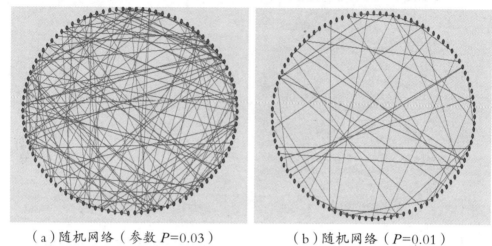

　　（a）随机网络（参数 $P=0.03$）　　　　　　（b）随机网络（$P=0.01$）

图 2.3　随机网络示意图

（3）小世界网络

规则网络具有高的集聚系数以及长的平均路径长度，而随机网络则具有低的集聚系数和短的平均路径长度，两种网络都与现实网络的结构特征相差较远。现实世界网络，尤其是社会网络，都具有高的集聚系数与短的平均路径长度的特征。因此，Watts 和 Strogatz 在 1998 年提出了一个具有高集聚系数和短平均路径长度特征的小世界网络，即 WS 小世界模型。该模型的构建过程为：以一个随机最近邻耦合网络为基准，让该网络中的每条边以一定的概率 P断线并进行远程重连，所形成的介于规则网络与随机网络之间的网络即为小世界网络。长程连接大大缩短了网络的平均路径长度，而又保持了规则网络的高集聚系数特征，因此，小世界网络兼具高集聚系数与短平均路径长度的特征，此后，学者们又把小世界网络的这两个特征称为小世界效应。小世界网络是介于规则网络与随机网络的一种中间状态，当重连概率 $P=0$ 时为规则网络，当$P=1$ 时则为随机网络，小世界网络的度分布与随机网络的度分布类似，都服从 Poisson 分布。

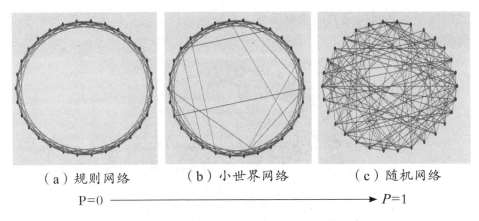

（a）规则网络　　（b）小世界网络　　（c）随机网络

P=0 ——————————————————————→ P=1

图 2.4　规则网络、小世界网络及随机网络示意图

（4）无标度网络

小世界网络虽然具有现实世界网络高集聚系数和短平均路径长度的特征，但其度分布与随机网络的度分布类似，都服从 Poisson 分布，网络中每个节点的度值大体相等，度值的分布非常均匀，具有同质性。而现实世界中的大部分网络的度分布都服从幂率分布 $p(k) \propto k^{-\gamma}$（其中，γ 为幂指数，$2 < \gamma < 3$），即少数的节点拥有很大的度值而大多数的节点拥有较小的度值，度值的分布具有很强的异质性，如文献引文网络、Internet 网络等。我们把这些具有无标度特征的网络，称为无标度网络。最早提出无标度网络概念的是 Barabasi 和 Albert，因此文献中往往将无标度网络称为 BA 无标度网络。

BA 无标度网络模型以增长和择优连接为其生成机制，具体生成过程如下：

①初始：给定一个具有N个顶点的初始随机网络；

②增长：每次加入一个新的顶点与M条边，边的一端为新顶点，另一端为旧顶点；

③择优链接：新加入的节点按照一定的择优概率与旧节点进行连边，择优概率公式为

$$\prod(k_i) = k_i / \sum_j k_j \qquad (2-1)$$

其中，k_i是旧节点i的度数，$\sum k_i$为所有旧节点度数的总和。

BA 无标度网络模型不仅具有无标度特征，而且具有短的平均路径长度以

及比同等规模随机网络高的集聚系数，很好地解释了现实世界大部分网络的统计特征，如图 2.5 所示。

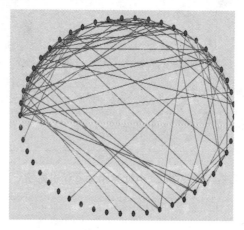

图 2.5　无标度网络结构示意图

2.1.2.2 复杂网络的统计描述

为了对复杂网络的结构进行刻画和度量，学者们提出了很多衡量复杂网络结构特征的指标，主要包括节点度、平均路径长度、集聚系数、网络密度等节点，下文将对这些统计指标进行具体的介绍。

（1）度及度分布

节点度是指网络中与节点相连接的边的数目。在有向图中，节点的度分为入度和出度两种，其中节点的入度指的是从其他节点指向该节点的边的数目；节点的出度指的是从该节点指向其他节点的边的数目。在无向图中，由于节点间最多只能有一条边，因此节点的度等于节点的邻居数。度在社会网络中往往表示节点的影响力大小，节点的度值越大，说明该节点在网络中的地位越重要。网络中所有节点度的平均值为网络的平均度，用以衡量网络的平均密度。

度分布表示网络中各节点度的概率分布函数 $p(k)$，指的是网络中任意一个节点有 L_λ 条边的概率。度分布最常见的两种形式为指数分布 $p(k) \sim e^{-k/\lambda}$ 形式及幂率分布 $p(k) \sim k^{-\gamma}$ 形式，其中 λ 和 γ 分别为指数分布与幂率分布的度指数。现实世界中的无标度网络的度分布往往呈现幂率分布特征，而小世界网络的度分布则呈现指数分布特征。除此之外还有其他的度分布形式，如全局耦合网络及最近邻耦合网络的单点分布形式、星形网络的两点分布形式、随机网络的

Poisson 分布形式 $p(k) \sim \dfrac{e^{-\lambda}\lambda^k}{k!}(k=0,1,2\cdots)$ 等。

（2）平均路径长度

网络中任意两个节点 i 和 j 之间的距离 d_{ij} 定义为从其中一个节点到另一个节点经历的路径中的最少边数，如当节点 i 到节点 j 之间最少只经历一条边的时候，其最短距离或路径就为 1，以此类推。网络中所有节点对距离的平均值为该网络的平均路径长度，如果该网络非全连通网络，则存在某些节点对之间不存在路径的情况，此时，网络的平均路径长度为其存在路径连接的节点对最短距离的平均值，其计算公式为

$$L = \frac{2}{N(N-1)} \sum_{i \neq 1 \atop j \in V} d_{ij} \qquad (2\text{-}2)$$

平均路径长度描述的是网络中任意两个节点间进行联系的平均距离，当网络的平均路径长度偏大时，网络中任意节点间进行交流的难度也将变大；反之，当网络的平均路径长度较小时，网络中节点间进行联系的难度将会变小。

（3）集聚系数

集聚系数又称为簇系数，描述的是节点的邻居节点中具有联系的节点对数占其理论上存在的最大节点对数的比例。该指标用来衡量网络中的集团化的程度，网络集聚系数越大，说明网络中的集团化程度越高。网络中单个节点 i 的集聚系数计算公式为

$$C_i = 2E_i / k_i(k_i - 1) \qquad (2\text{-}3)$$

其中，E_i 表示与节点 i 相连的节点中实际存在的边数，k_i 表示节点 i 的度数，集聚系数 C_i 的另一种表达方式为

$$C_i = \frac{\text{包含顶点 } i \text{ 的三角形个数}}{\text{以顶点 } i \text{ 为中心的三点组的个数}} \qquad (2\text{-}4)$$

整个网络的集聚系数 C 为网络中所有节点集聚系数的平均值，即 $C = \dfrac{\sum_{i=1}^{N} C_i}{N}$，

其中 $0 \leqslant C \leqslant 1$。当 $C=0$ 时表明网络中节点相互独立，没有任何连边。当 $C=1$ 时表明该网络为全耦合网络，即网络中任意两个节点之间都存在直接相连的边。在现实世界中，普遍存在着集聚的现象，如社会网络、信息网络、技术网络及生物网络等。

（4）网络密度

网络密度指的是网络中各个节点之间联系的紧密程度，用以测量各个节点之间连线的总分布与全连通图之间的差距程度。网络中节点间的连边数量越多，网络的密度就越大；反之，网络中节点间的连边数量越少，网络的密度就越小。对于无向网络来说，网络密度可以用网络 N 中各节点之间实际拥有的连边数与网络中最多可能存在的总连边数之间的比值来衡量：

$$D(N) = \frac{2E}{V(V-1)} \qquad (2-5)$$

其中，$D(N)$ 为网络 N 的网络密度，E 为网络中实际存在的边数，V 为网络的总节点数。网络密度的取值的范围区间为 $[0, 1]$，当网络为全连通图时，网络的密度最大，其密度值为 1，而实际网络的密度值要远远小于 1。学者 Mayhew 和 Levinger 等通过随机选择模型研究发现，实际网络中能够发现的最大密度值为 0.5。[1] 在其他条件不变的情况下，网络规模的大小对于网络密度的影响非常明显，大规模网络的网络密度要比小规模网络的网络密度小，不同网络规模的网络密度不能相互比较。

2.1.3 基于多智能体建模的仿真方法

基于多智能体建模（agent-based modeling，ABM）的仿真方法是在 20 世纪 90 年代后期逐渐发展起来的复杂科学中的一种研究方法。ABM 方法通过设定 agent 的属性和规则来建立 agent 之间的内在关系，并通过观察 agent 之间互动关系涌现出的宏观动力学行为来揭示系统发展的一般规律，是一种自下而上的分析方法。

2.1.31 ABM 方法的特点及优势

（1）ABM 方法的特点

在多智能体建模仿真方法中，agent 一般具有如下特征：①自治性。任何 agent 都是独立的个体，具有控制自身状态和行为的特性，可以不受外界影响而完成目标。②社会性。每个 agent 都是具有同其他 agent 相互交流、相互合作的能力，通过相互交流，增加自身的能力或者属性。③响应性。agent 在交流的过程中，会根据交流的信息和环境的变化，及时做出相应的调整。④能动

---

[1]MAYHEW B H, LEVINGER R L. Size and the density of interaction in human aggregates[J]. American Journal of Sociology, 1976, 82（1）：86-110.

性。agent 在受到外部环境影响的同时还具有一定的能动性，即可以通过选择和思考来做出符合自身利益的决定。agent 的这些性质使多智能体建模仿真方法呈现出如下几点特征：首先，系统中个体数目多且关系复杂，每个个体都以符合自身利益为目标，做出相应决策；其次，个体行为具有向上聚合性，个体行为与系统行为没有直接关系；最后，个体可以通过环境和其他个体的改变，调节自身的行为，做出决策，同时个体的改变又会对环境和其他个体产生影响。

（2）ABM 方法的优势

传统的研究方法是自上而下、从整体到局部且关注宏观扩散结果的方法。传统的仿真方法很少与个体层面的行为相结合，很难体现个体的异质性和系统的动态性，也很难分析系统内部的运行机制。而 ABM 是一种自下而上的分析方法，它从微观的视角来探索个体的特征及个体间的互动机制，并以此为基础，来构建个体间的互动规则，观察个体间互动关系涌现出的宏观现象，不仅可以充分考虑个体的异质性特征，探索系统内部的微观机制，又可以通过观察系统宏观的变动趋势，来捕捉系统的宏观运行规律。

2.1.3.2 ABM 适用范围及效度

仿真研究并不是严格要求模拟一个非常真实、精确的现实环境，而是通过观察系统在不同仿真情景下的仿真结果，来提炼系统运行的一般规律，是一个对理论细化的工具。ABM 方法适用于研究的对象是一个个体（比如消费者、企业等）以及个体间的互动对宏观结果的影响，适合回答 what-if 的问题。Zhang 和 Garcia（2011）总结了 ABM 方法的适用范围，主要包括：第一，关注重点。宏观扩散与微观分析、地理距离和时间空间。第二，个体特性。自治性、社会性、能动性与异质性。第三，社会系统。容易被描述成 What-if 的问题且最终扩散的结果易被观察，不同子系统在社会系统中共同演化。

ABM 效度是指模型与现实生活的符合程度，效度的大小决定了 ABM 能否应用于现实生活。常用的效度有四种：①微观效度，即模型的机制和属性与现实世界的符合程度；②宏观效度，即模型聚合的过程与现实世界相符合的程度；③实证输入效度，即模型的输入参数与现实相符合程度；④输出效度，主要是指模型结果与现实的符合程度。

2.1.3.3 ABM 与产品创新扩散

产品创新扩散的本质是消费者群体在内外部因素双重驱动下对新产品的采

纳过程，这种微观的采纳过程最终将表现出产品创新的宏观扩散现象，这与ABM方法的研究思路非常吻合。因此，在产品创新扩散的研究中，ABM方法被很多学者采纳，用以研究产品创新扩散中的意见领袖、网络外部性、供应限制、产品竞争及促销活动等相关问题。ABM方法在产品创新扩散中的大量应用，对产品创新扩散的决策规则产生了重要的影响。较早的时候，由于ABM方法还未普及，学者大多采用简单的决策规则来研究产品创新扩散的相关问题，随着ABM方法的快速发展及ABM方法在处理复杂问题方面的优势，越来越多的学者开始考虑在更复杂的决策规则下研究产品创新扩散的过程。例如，结合消费者行为规则理论，观察消费者对产品创新的采纳过程等，研究网络外部性对产品创新扩散的影响，以及在竞争情景下，研究产品创新扩散的动态变化等。基于复杂决策规则来研究产品创新扩散的相关问题，使研究更加符合现实情况，也能更加深入地挖掘产品创新扩散的内在规律，因此，ABM方法在产品创新扩散的研究中具有广阔的应用前景。

2.2 基于复杂网络的产品创新扩散的概念模型

2.2.1 概念模型的基本要素

2.2.1.1 复杂网络

（1）网络结构

网络结构依据其刻画方式的不同可分为物理结构与拓扑结构两大类。其中，网络的物理结构是指现实世界中存在的某种具体的网络，如区域创新系统的网络结构是指由企业、高校、科研院所、中介机构及政府等主体构成，由主体间复杂动态互动关系演化交织而成的具体网络。而网络的拓扑结构则是借助数学中的图论，将现实世界中具体的网络结构抽象为只有节点和边的虚拟网络，其中拓扑网络中的节点代表现实网络中的各类主体，而边则描述的是各类主体间的关系。本书所提到的消费者网络结构指网络的拓扑结构，描述的是由消费者构成的、在产品创新采纳过程中结成的各种人际关系网络。

传统的经济学及管理学观点认为经济主体是完全理性的，他们在进行相关决策的过程中是彼此独立、互不干扰的。在这种观点的指导下，潜在消费者在产品创新采纳的过程中是互不相干的，这与实际情况并不相符。现实世界中经济主体在进行决策时往往是通过各种方式相互施加影响的，消费者在进行产品创新采纳决策的过程中，出于信息搜寻、规范压力以及社交需要等原因，会形成采纳效用上的彼此依赖，这种依赖关系以消费者之间形成的社会关系网络为载体进行传播，我们将其称之为消费者网络。消费者网络中的节点 V_i 代表产品创新的潜在消费者，边 E_i 为消费者平时生活中因工作、娱乐及亲缘等途径形成的人际关系，也是在产品创新扩散过程中消费者之间进行信息流动及相互施加影响的渠道。消费者网络中的节点度 k_i 表示与该消费者有直接联系的其他消费者数量，消费者的节点度 k_i 的值越大，说明该消费者越具有权威性，对其相邻节点的影响作用越大。消费者网络的聚集系数 C 表示消费者网络中的"集团化"（即消费者的"交际圈子"）程度，其值越大，则消费者网络中的集团化现象越严重。消费者网络的平均路径长度 L 则表示消费者网络中任意一个消费者联系到另一个消费者需要经历的其他中间消费者的平均人数，描述的是网络中任意两个消费者进行联系的平均难度。

（2）网络效应

Katz 和 Shapiro（1985）将"消费者采纳一项产品创新的效用会随着其他采纳该产品创新的消费者数量的增加而增大"这种现象称为网络效应（network effect）。网络效应的强度会直接影响消费者采纳产品创新所获效用的大小，是消费者购买行为的决定性影响因素。例如，Park 通过对 1981 年到 1988 年间的 VCR 市场情况进行研究发现，网络效应优势是 VHS 战胜 Betamax 的最主要因素。根据影响规模的大小，网络效应可分为全局网络效应和局部网络效应，其中，全局网络效应是指消费者采纳产品创新所获得的效用受其他所有采纳该产品创新消费者数的影响，而局部网络效应则指消费者采纳产品创新所获得的效用只受其"邻居"中已采纳产品创新消费者数的影响。以往的创新扩散往往是基于全局网络效应进行研究的，最典型的就是以 Bass 模型及其模型簇为代表的宏观扩散模型，将整个潜在消费者人群中的所有采纳者作为单个消费者采纳产品创新所获效用大小的影响函数，虽然简化了模型的难度，但与实际并不相符。在现实生活中，消费者能够感知到的网络效应多是个人的交际网络而不是整个产品市场的消费者网络。因此，越来越多的学者开始关注局部网络效应对产品创新扩散的影响，大量的研究结论也证实了局部网络效应才是影响消费者采纳行为的关键因素，如 Lee 在对即时通信软件的扩散进行研究时发现，消费者选择使用该通信软件多是受朋友或亲戚的影响，几乎与陌生人没有任何关系。再如 Birke 和 Swann 在对移动通信市场的研究中发现，消费者在选择运营商时主要是受到其朋友和家庭成员的影响。

在产品创新扩散的消费者网络中，局部网络效应指的是消费者所受到的规范压力，其值的大小用"曝光（exposure）"水平来衡量，最早对曝光值的计算采用的是简单规则方法，即用个体网络邻居中已采纳产品创新的消费者绝对人数来表示。这种计算方法有一个弊端，即没有考虑到网络个体度值的差异性。在现实生活中，消费者的邻居数越多，单个邻居个体的行为对消费者的影响也会越小。因此，后来学者采用相对值即邻居个体中已采纳产品创新的个体数量占邻居个体总数的比例来衡量个体的曝光水平，如图 2.6 所示，节点 D 和节点 G 代表已经采纳产品创新的消费者，而节点 A，B，C，E，F 代表未采纳产品创新的消费者。对于节点 B 来说，其个体网络中共有四个网络邻居，这四个网络邻居中只有一个采纳者（即节点 D），那么节点 B 在此刻的曝光值为1/4；而对于节点 A 来说，由于其邻居个体中不存在产品创新的采纳者，因此节点 A 在此刻的曝光值为 0。网络个体的曝光值越大，其受到的规范压力也就越大，个体也越容易改变自己的采纳行为来和邻居个体的采纳行为保持一致。

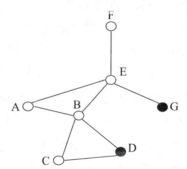

图 2.6 产品创新扩散的局部网络效应示意图

2.2.1.2 新产品

新产品是产品创新成果商业化的最终形式，是整个扩散系统的扩散源，也是潜在消费者的采纳对象。从广义的角度来说，新产品指能够满足消费者需求的一切有形的物质和无形的利益，对新产品的概念进行解构，可以将新产品分为三种产品形式：①有形产品。即新产品本身，包括产品本身的外观、颜色、大小及性能等。②无形产品。即消费者购买新产品所追求的根本利益，如消费者购买一台电视机所希望获得的根本利益是能够收看各种类型的电视节目，能够度过一个愉快的周末。③附加产品。即消费者购买新产品后希望获得的附加利益，如希望销售上能够提供送货到家、售后维修及质量保障等服务。在新产品的扩散过程中，新产品的相对优势、复杂性、可试验性、可观察性以及相容性等属性是影响消费者采纳决策的关键要素，产品质量则是新产品各项属性的综合优势体现，产品质量越高，消费者获得产品效用的概率也就越大，越容易采纳新产品；反之，如果新产品的产品质量很低，则很难有消费者采纳新产品，新产品最终可能会在残酷的市场竞争中扩散失败。

2.2.1.3 传播媒介

传播媒介是指将产品创新信息在目标市场中进行传播，从而影响消费者采纳行为的各种中介渠道。一般来说，产品创新扩散的传播媒介主要包括大众传媒与人际交流网络两种，其中，大众传媒主要包括报纸、期刊、杂志、电视以及广播等。大众传媒可以将产品创新的相关信息在潜在消费者群体中进行大范围的传播，但传播的产品创新信息不详细，专业性也相对较差。而人际交流网络指的是消费者之间通过日常的接触形成的信息交流网络系统。相对于大众传媒来说，人际交流网络传播的产品创新信息范围要小一些，但其详细程度以及专业性程度都比大众传媒高得多。无论哪种传播媒介，都是产品创新扩散过程中重要的影响因素，高效、快捷的传播媒介能够将产品创新信息在消费者人群中快速地传播，推动产品创新的扩散，而如果缺乏有效的传播媒介，产品创新的信息无法在目标市场进行顺畅的扩散，则最终会导致产品创新的扩散失败。

2.2.1.4 消费者

产品创新的扩散过程也是消费者对产品创新的决策采纳过程，因此消费者群体的特征是影响产品创新扩散的关键要素。消费者群体的特征主要包括消费者的偏好特征以及消费者的异质性特征两个方面：①消费者偏好特征。基于消费者决策函数的构成比例，可以将消费者偏好分为规范压力偏好及产品偏好两种类型，在产品创新的采纳过程中，消费者的偏好特征通过决策函数直接作用于消费者的采纳行为，影响产品创新扩散的进程。②消费者的异质性特征。基于消费者在产品创新扩散过程中对其他消费者在产品创新信息传递及采纳行为等方面影响力的差异性程度，可以将消费者分为意见领袖和追随者两种类型，其中意见领袖与追随者之间的比例以及在创新性程度、规范压力系数以及产品效用系数等方面的异质性程度，都是影响产品创新扩散的关键要素。

2.2.1.5 扩散环境

从市场中同类竞争性产品的数量来划分，产品创新的扩散环境可分为垄断扩散环境和竞争扩散环境。垄断扩散环境指的是新产品在不存在竞争性产品的情况下在市场中进行扩散，而竞争扩散环境指的是在新产品市场中同时存在多种同类竞争性产品的情况下进行扩散。不同的扩散环境条件下，消费者的采纳行为将呈现一定的差异性，这种差异性会不断地累积，并最终涌现出不同的宏观扩散现象，左右产品创新扩散的方向和进程。

2.2.2 概念模型的逻辑架构

基于前文对概念模型基本要素的分析，结合各要素之间的作用过程及作用方式，构建基于复杂网络的产品创新扩散的概念模型的逻辑架构，如图 2.7 所示。

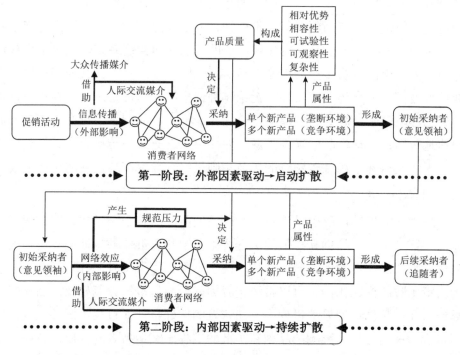

图 2.7 基于复杂网络的产品创新扩散的概念模型

2.2.2.1 产品创新扩散的外部因素驱动阶段

在产品创新扩散的外部因素驱动阶段，企业的促销活动发挥着关键的作用。在新产品刚投入市场时，产品的采纳者数量往往较少，还未形成足够的局部网络效应来推动新产品的扩散，因此，在此阶段，企业主要依靠促销活动的信息传递效应来影响消费者的采纳行为，以启动新产品的扩散。促销活动通过传播新产品质量的相关信息来形成潜在消费者的产品效用，这种产品效用对于一般的消费者而言往往达不到改变其采纳行为的程度，但对于意见领袖这类采纳阈值特别低的消费者群体而言，仅依靠产品效用便会很大概率地采纳新产品，从而形成新产品扩散的初始采纳者群体。随着产品质量信息的传播范围不断扩大，初始采纳者群体的规模也不断提高，等到新产品的初始采纳者数量达到一定程度，能够形成足够的局部网络效应来推动新产品的持续扩散时，产品创新扩散进入第二个阶段，即内部因素驱动阶段。

2.2.2.2 在产品创新扩散的内部因素驱动阶段

在产品创新扩散的内部因素驱动阶段，局部网络效应发挥着主导作用。初始采纳者群体形成之后，便会通过消费者网络中局部网络效应形成的规范压力来影响与初始采纳者群体相联系的其他的潜在消费者，从而会形成新一批的采纳者，采纳者数量的提高反过来会进一步增强消费者网络中的局部网络效应，并扩大局部网络效应的影响范围，从而影响更多的阈值、更高的潜在消费者转变为产品采纳者，如此循环往复，直至局部网络效应无法再影响更多的潜在消费者转变为产品采纳者，扩散终止。这一系列过程称为产品创新扩散的"串联"，而意见领袖形成的初始采纳者规模以及消费者的网络结构决定了产品创新扩散最终的"串联"深度。在此过程中形成的后续采纳者与外部因素驱动阶段形成的初始采纳者相比，拥有更高的采纳阈值，其采纳行为的发生需要产品效用与规范压力的双重驱动才能实现。

需要说明的是，在整个产品创新扩散过程中，外部因素驱动阶段和内部因素驱动阶段并不是严格区分开的，即在外部因素驱动阶段也会存在一定的内部因素的影响，只不过这种内部因素的影响非常微弱，而在内部因素驱动阶段，也同样存在一定的外部因素的作用。而无论是外部因素驱动还是内部因素驱动，都需要借助一定的扩散媒介（大众传媒与人际交流）来实现，此外，整个产品创新扩散过程是在一定的扩散环境中进行的，扩散环境对于产品创新扩散的影响主要表现在消费者采纳行为的选择方面，在单个新产品扩散的垄断环境中，消费者只有采纳与不采纳两种采纳行为，而在多个新产品扩散的竞争环境中，消费者不仅仅面临采纳与不采纳两种选择，还需要对采纳哪种新产品进行选择，其决策过程更加复杂。

2.2.3 概念模型的问题提出

2.2.3.1 产品质量与产品创新扩散的关系——基于网络结构的调节变量

产品质量是产品自身各项属性的综合体现，在产品创新扩散的过程中，当新产品质量的相关信息借助扩散媒介通过促销活动被消费者所获知后，消费者便开始对新产品的产品效用进行评估，在此过程中，质量高的新产品相对于质量低的新产品而言，更容易满足消费者的采纳偏好，使消费者获得产品效用，从而提高消费者对新产品的采纳概率，推动新产品的扩散。鉴于产品质量在产品创新扩散中的重要性，学者们从不同的角度研究了产品质量与产品创新扩散之间的影响关系，但这些研究往往忽视了网络结构要素在其中的重要作用。在产品创新的扩散过程中，产品质量的高低决定了临界采纳群体的激活规模，而网络结构特征决定了临界采纳群体能否形成串联效应以及形成的串联效应的深度，因此，网络结构在产品质量影响产品创新扩散的过程中发挥着重要的调节效应，但这种调节效应到目前为止还未得到清晰的解释，基于此，本书设计第3章"基于复杂网络的产品质量与产品创新扩散的关系研究"，来探究复杂网络环境下产品质量与产品创新扩散之间的影响关系以及网络结构在其中的调节效应。基于复杂网络的产品质量与产品创新扩散关系研究的框架如图2.8所示。

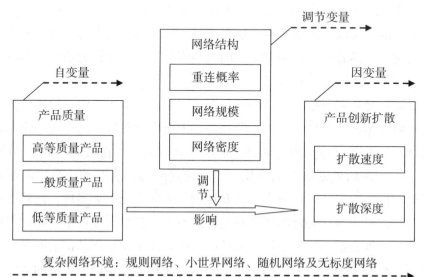

图2.8　基于复杂网络的产品质量与产品创新扩散关系研究的框架

2.2.3.2 促销活动与产品创新扩散的关系——基于起飞时间的中介变量

促销活动是产品创新扩散的重要外部影响因素，在产品创新扩散过程中，企业通过大众传媒推广以及目标市场选择等促销活动来传播新产品质量的相关信息。促销活动对新产品质量信息的传播时机、传播强度以及传播目标的选择对产品创新扩散的最终结果具有重要的影响，一个时机、强度及目标选择恰当的促销活动能够迅速地形成产品创新扩散的临界消费者群体，从而推动产品创新扩散的快速、实质性"起飞"（take-off），促进产品创新的成功扩散，而如果促销活动的时机、强度及目标选择不当，则无法形成产品创新扩散实质性"起飞"，最终扩散很可能将以失败告终。那么，促销活动如何影响产品创新扩散的结果？什么样的促销活动更有利于产品创新的扩散？起飞时间在促销活动对产品创新扩散的影响关系中扮演什么样的角色？这些问题并没有得到很好的解释，针对这些问题，本书设计第 4 章"基于复杂网络的促销活动与产品创新扩散的关系研究"来对其进行分析，探究促销活动、起飞时间与产品创新扩散之间的影响关系。基于复杂网络的促销活动与产品创新扩散关系研究的框架如图 2.9 所示。

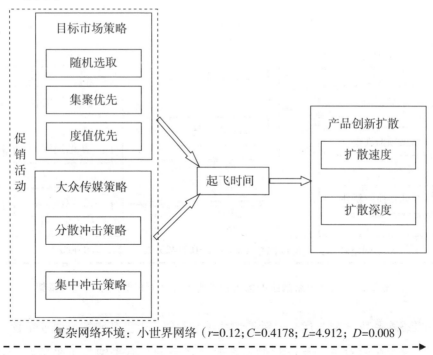

图 2.9　基于复杂网络的促销活动与产品创新扩散关系研究的框架

2.2.3.3 意见领袖与产品创新扩散的关系——基于市场环境的调节变量

意见领袖在产品创新扩散过程中是一类非常重要的消费者群体，代表着创新行为和市场知识的结合，他们的中心性位置、人际影响以及创新性等特征，在产品创新扩散信息传播过程以及局部网络效应传递过程中都发挥着非常关键的作用。学者们也从各个角度对意见领袖与产品创新扩散之间的关系进行了分析。但在这些研究中很少考虑市场环境因素的影响，意见领袖对于产品创新扩散的影响与市场的时尚性环境紧密相关，在不同的市场时尚性环境中，意见领袖的采纳行为也表现出显著的差异性，这种差异性最终会影响产品创新扩散的结果。因此，市场环境在意见领袖与产品创新扩散的影响关系中发挥着重要的调节作用，但这种调节作用到目前为止还未得到深入研究，基于此，本书设计第 5 章"基于复杂网络的意见领袖与产品创新扩散的关系研究"，来探究复杂网络环境下意见领袖与产品创新扩散之间的影响关系以及市场环境在其中的调节作用。基于复杂网络的意见领袖与产品创新扩散关系研究的框架如图 2.10所示。

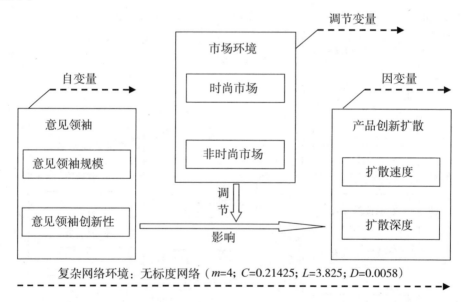

图 2.10　基于复杂网络的意见领袖与产品创新扩散关系研究的框架

2.2.3.4 品牌竞争与产品创新扩散的关系——基于重复购买的调节变量

消费者在面对单个新产品的扩散时，考虑的只有采纳与不采纳两种状态，而一旦加入竞争性产品，即在品牌竞争的扩散环境下，消费者不仅需要考虑采纳与不采纳两种状态，还需要对两种新产品进行比较和权衡，从而决定最终采纳哪种新产品，其采纳过程更加复杂。在此过程中，重复购买的频率决定了消费者对两种竞争性产品采纳行为的转换速度，并最终导致产品创新扩散的结果的改变。那么，在品牌竞争过程中影响产品创新扩散的因素有哪些？这些因素对产品创新扩散的影响关系随着重复购买系数的变化会呈现什么样的变动趋势？这些问题还未得到足够清晰的解释，基于此，本书设计第 6 章"基于复杂网络的品牌竞争与产品创新扩散的关系研究"，来探究复杂网络环境下品牌竞争与产品创新扩散之间的影响关系以及重复购买在其中的调节作用。基于复杂网络的品牌竞争与产品创新扩散关系研究的框架如图 2.11 所示。

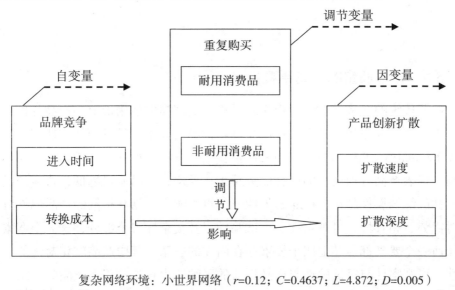

图 2.11　基于复杂网络的品牌竞争与产品创新扩散关系研究的框架

2.3　本章小结

本章一方面对本书研究的理论基础进行了分析，包括产品创新扩散的概念、特征及结构分析，复杂网络拓扑结构类型及统计描述分析以及基于多智能体建模的仿真方法分析三个部分，在此基础上构建基于复杂网络的产品创新扩散的概念模型，对概念模型基本要素及逻辑架构进行了分析，并从中提炼出了本书分析的四个核心问题。通过本章的研究，明晰了文章的研究思路和架构，奠定了后文分析的理论基础。

第3章 基于复杂网络的产品质量与产品创新扩散的关系研究

3.1 产品质量的构成要素

按照传统的经济学观点，产品质量指的是产品的使用价值。产品的使用价值越大，产品的质量就越高。在产品创新扩散研究中，学者们往往使用产品质量（the quality of product）一词来衡量新产品各项属性的综合优势，产品质量越高，代表产品各项属性的综合优势越大；反之，产品质量越低，代表产品各项属性的综合属性越小。Rogers（1995）将影响产品创新扩散的产品属性分为相对优势、相容性、可观察性、可试验性以及复杂性五个部分，这五个要素中的任何一个要素都与其他四个要素存在内在的联系，其中产品的相对优势、相容性、可观察性与可试验性与产品创新的采纳速率正相关，而产品的复杂性与产品创新的采纳速率负相关。

3.1.1 相对优势

相对优势是指一项产品相对于其他可替代产品所具有的优点，表明了个体采纳产品所要支付的成本以及从中获取的收益，具体体现在经济利润、社会地位、不适感的减少、回报的及时性以及时间与精力的节省等方面。例如，弗勒德瑞（1966）曾调查过关于美国商业农场主以及小农场主的产品采纳情况，发现对于商业农场主来说，他们采纳产品的主要动机来源于产品在经济利益方面的相对优势，那些回报率高而风险、不确定性小的产品扩散得更快。而对于小农场主来说，便利感对其采纳行为的影响更大一些。再如丰收粮仓在美国乡村的扩散，丰收粮仓是一种社会地位的象征，由钢铁和玻璃构成，外表为海军蓝色，并在上面醒目地写上制造者的名字。这种粮仓造价昂贵，每个粮仓的价格在五万美元到九万美元之间，相对于普通粮仓来说，并不实惠，但由于是一种社会地位、身份的象征，而吸引了大量农场主的购买。

3.1.2　相容性

相容性是指产品与采纳者的价值观念、文化信仰、需求以及实践经历等相一致的程度。相容性高的产品可以使采纳者更加容易地理解产品的内在价值，也会给采纳者增添对产品的亲切感，更容易被采纳者接受。例如，在 20 世纪 60 年代中期，菲律宾的国际稻谷研究中心推出了一种新的稻谷品种，这种品种的稻谷的产量是传统稻谷的 3 倍，该稻谷品种一经推出就很快在整个亚洲市场推广开来。但这种新的稻谷品种在印度南部的推广过程中却遇到了问题，原因就在于这种新品种的稻谷虽然具有高产和抗害虫的优势，但其口味却不适合当地的居民。因此，当地的居民仍然种植传统的稻米供自己吃，而把新稻种种出来的稻谷卖到市场上，这种状况持续了许多年，直到 20 世纪 80 年代国际稻谷研究中心的科研人员对新稻种的口味进行了改良，当地居民才逐渐接纳了这种新稻种。由此可见，相容性是影响产品创新采纳率的一个关键因素。

3.1.3　可观察性

可观察性是指产品的功能、颜色、外观及使用方法等可以被采纳者所能认识和理解的程度。一个容易被理解的产品会大大降低采纳者的采纳风险，从而提高产品创新的采纳率。例如，在以往的产品创新扩散研究中，产品往往由两部分组成，一部分是产品的"硬件"，是技术的物质化形态，如计算机的硬件电子设备；另一部分是产品的"软件"，是技术物质化形态的信息基础，如计算的软件程序。其中，产品的硬件部分由于更容易被观察，因而扩散的速度快一些，而产品的软件部分由于可视化不明显，其扩散的速度往往相对慢一些。

3.1.4　可试验性

可试验性是指一项产品可以被采纳者试用的程度。如果一项产品能够给采纳者提供很大的试用机会，便可以消除采纳者的很多顾虑，降低产品的采纳风险，提高采纳者的采纳概率。例如，在网游市场中，几乎百分之九十九的网游产品都选择了道具收费模式，只有少数实力雄厚的、竞争力强的网游巨头公司，如暴雪的网游产品《魔兽世界》及暗黑系列以及网易的《梦幻西游》与大话西游系列，还坚持时间收费模式与买断制收费模式。而即使是这些网游巨头近年来也逐渐开始向道具收费模式进行转变，如网易的大话西游系列的道具收费版本的推出以及暴雪公司两款道具收费模式新网游《炉石传说》与《风暴英雄》的发布，究其原因就在于道具收费模式给了玩家极大的（或足够的）游戏试用机会，玩家可以免费进行游戏的体验，而只有在想获得更高等级的游戏体验时，玩家才需要购买游戏中相应的道具，而时间收费模式或买断制的网游则需要玩家事先进行购买才可以进行游戏体验。因此，虽然道具收费模式的网游的环境极度缺乏公平性，且随着游戏需求的提升会更加耗费玩家的金钱，却仍然拥有数量庞大的玩家基础，在网游市场中也占据了主导的地位，可试验性在其中发挥着非常关键的作用。

3.1.5　复杂性

复杂性是指采纳者对于一项产品的理解和使用难度，一项产品如果能很容易地被理解和使用，就会大大降低采纳者的学习成本和采纳风险，提高产品的采纳率；反之，如果一项产品非常复杂，使用难度很高，则会降低采纳者的采纳意愿，不利于产品的扩散。例如，在 20 世纪 80 年代早期，家用电脑刚开始推广的时候，由于其使用难度非常大，购买家用电脑的用户在前几个星期往往由于看不懂操作手册，以及不知道如何把不同的电脑部件连接起来等，而感受到非常大的挫败感，对电脑产品的体验也非常差，虽然最后在朋友的帮助下或通过参加电脑俱乐部等方式解决了使用家用电脑过程中遇到的问题，但这种使用和理解上的复杂性对家用电脑在 20 世纪 80 年代早期的推广仍然产生了非常大的负面影响，直到家用电脑的使用变得越来越简便，使用率才逐渐上升。由此可见，复杂性是影响产品创新扩散的一个非常关键的因素。

3.2　产品质量与产品创新扩散网络的启动强度

3.2.1　产品创新扩散网络的串联效应及临界群体

1.产品创新扩散网络的串联效应

在一项产品创新刚被推向市场的早期阶段，产品创新会通过大众传媒等外部效应的影响，在产品创新扩散网络中形成一定规模的、独立的、随机的初始采纳者，也称为创新者，这些创新者是基于产品创新扩散系统的外生性而产生的。随后，这些创新者会通过各自的邻居网络结构特征进一步影响他们邻居的采纳行为，引发第一批内生性的产品创新采纳者，第一批内生性的产品创新采纳者产生后，同样会通过各自的邻居网络结构特征引发第二批内生性的产品创新采纳者，如此循环往复，直到没有新的采纳行为的发生，产品创新扩散终止。这种现象被称为串联效应（cascade），如图 3.1 所示。在研究中，不同的产品创新扩散参数的社会系统会形成不同的串联分布特征，通过这些串联分布特征，我们可以定性地或定量地来分析产品创新扩散的规律和特征，以及带来的管理学启示和意义。

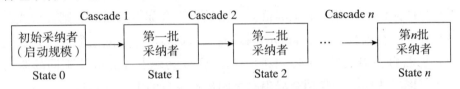

图 3.1　产品创新扩散的串联效应

2.产品创新扩散网络的临界群体

需要注意的是，在产品创新扩散过程中，任何规模的串联都有可能发生，根据规模的大小，串联可以分为局部串联和全局串联。其中，局部串联每一步只能影响数量相对较少的个体，且串联在一两步内就很可能终止，全局串联则正好相反。对于一项产品创新来说，全局串联的发生代表该产品创新在市场中的成功，而要形成全局网络串联，则需要早期采纳者中存在一个临界群体（critical mass），只要这个临界群体被激活，则串联可以持续地进行下去，并最终形成一个全局的网络串联，但如果这个关键的临界数量没有被激活或不存在，则只会发生局部的串联。如果网络中的早期采纳者之间存在足够多的联系，以至于他们的子网络遍及整个扩散网络，那么产品创新扩散网络中会存在临界群体，否则，产品创新扩散网络中不会存在临界群体。尽管临界群体可能只占总人数的很小一部分，但它的确是一系列串联发生的动力，对于产品创新扩散来说，这个临界群体是一项创新跨域失败到成功之间鸿沟的关键因素。

3.2.2　产品质量与临界群体的激活规模

在产品创新扩散的早期，一项产品创新的采纳主要通过大众传媒及促销活动等外部影响而实现，在此过程中受到影响而选择采纳产品创新的主要是网络中的创新者，所谓的创新者是指拥有非常强的创新性，相对于其他采纳者而言更容易接受新事物的一类采纳者群体。在产品创新扩散模型中，创新者在外部媒介的信息传递效应下，一旦获知产品创新的存在，则会立刻形成对产品创新的偏好，且仅凭产品创新的偏好效用而不需要个体网络中规范效用的影响，就会选择采纳产品创新。创新者是一项产品创新在网络中进行扩散的启动力，而创新者的规模决定了产品创新在网络中进行扩散的启动强度。

根据产品创新采纳的阈值理论，产品质量越高，则会有越多的采纳者形成对产品创新的偏好效用，在其他条件不变的情况下，通过外部效应影响而采纳产品创新的创新者数量也会相应地增多，即创新者的数量会增多。根据上文的分析，当产品创新扩散中的临界群体的采纳行为全部被激活时，则会形成全局的串联效应，否则只会形成局部串联效应。而临界群体被激活的规模则受到产品创新扩散启动强度的影响，不同的启动强度会触发临界群体不同的激活规模，从而形成从局部串联到全局串联之间形形色色的串联分布特征。

3.3 产品质量与产品创新扩散关系的调节变量选择及分析

在产品创新的扩散过程中，产品质量的高低决定了临界采纳群体的激活规模，而消费者的网络结构特征决定了临界采纳群体能否形成串联效应以及形成的串联效应的深度，因此，网络结构在产品质量影响产品创新扩散的过程中起着重要的调节效应。在研究产品质量与产品创新扩散之间的关系时，本书将网络结构作为调节变量，并在不同的网络结构仿真参数条件下对产品创新扩散的过程进行仿真分析，以更全面深入地揭示产品质量、网络结构特征与产品创新扩散之间的多重影响关系。其中，网络结构可以分为重连概率、网络规模及网络密度三个维度，具体内容如下。

3.3.1 重连概率

Watts 等在 1998 年提出了一个小世界网络模型的构造方法，即先构建一个规则网络，然后网络中的每条边以概率 r 断开并与邻居节点之外的节点进行长程连接，即可得到一个小世界网络。其中，当 $r=0$ 时所得到的网络为规则网络，当 $r=1$ 时所得到的网络为随机网络，而小世界网络的重连概率 r 的范围介于 0 到 1 之间。由于长程连接能够大大缩短节点间的最短路径长度，并能降低节点的集聚系数，因此随着重连概率 r 的不断增大，网络的集聚系数会越来越低，网络的平均路径长度也会越来越短。基于此，本部分的仿真分析内容之一就是通过调节网络重连概率 r，以得到不同的复杂网络结构，并在每种复杂网络结构上再通过调节产品质量参数来观察产品创新扩散的变动情况，从而分析产品质量、重连概率与产品创新扩散的影响关系。

3.3.2　网络规模

网络规模指的是网络中节点的数量。在产品创新扩散过程中，在其他条件不变的情况下，究竟是规模大的消费者网络更有利于产品创新的扩散，还是规模小的消费者网络更有利于产品创新的扩散，这是一个非常值得研究的问题，也是实际的产品营销决策中管理者会经常面对的问题。基于此，本部分仿真内容之一就是通过改变产品创新扩散网络的节点数量，在不同规模的产品创新扩散的复杂网络中来观察产品创新扩散的变动情况，从而分析产品质量、网络规模与产品创新扩散的影响关系。

3.3.3　网络密度

网络密度指的是网络中各个节点之间联系的紧密程度，用以测量各个节点之间连线的总分布与全连通图之间的差距程度。网络中节点间的连边数量越多，网络的密度就越大；反之，网络中节点间的连边数量越少，网络的密度就越小。基于此，本部分仿真内容之一就是通过改变产品创新扩散的网络密度，在不同密度的产品创新扩散的复杂网络中来观察产品创新扩散的变动情况，从而分析产品质量、网络密度与产品创新扩散的影响关系。

3.4　基于复杂网络的产品创新扩散的仿真流程

3.4.1　复杂网络结构设定

本章的仿真分析将在一定的复杂网络环境中进行，涉及的复杂网络类型包括规则网络、小世界网络、随机网络与无标度网络四种。其中，本书根据 Watts 等（1998）提出的构造方法来生成规则网络、随机网络及小世界网络模型，即先构建一个节点数为 V、平均度为 D 的规则网络，然后网络中的每条边以概率 r 断开并与邻居节点之外的节点进行长程连接，当 $r=0$ 时所得到的网络为规则网络，当 $r=1$ 时所得到的网络为随机网络，而小世界网络的重连概率 r 的范围介于 0 到 1 之间。而在构建无标度网络时，以 Barabasi 等（1999）提出的构造方法来生成无标度网络模型，即先构建一个节点数为 n 的全耦合网络，然后每次加入一个节点，新节点以度值优先的原则随机选择m_0个旧节点进行连边，直到总节点数达到目标节点总数为止。由于本部分的研究将网络结构作为调节变量，因此在仿真过程中复杂网络的各项生成参数并不是一成不变的，重连概率r、网络规模及网络密度的各项参数是随着仿真问题的改变而逐渐变化的，在后文的仿真分析中会给出具体的生成参数，此处不再赘述。

3.4.2 阈值模型构建

3.4.2.1 消费者决策过程

在对基于复杂网络的产品创新扩散的阈值模型构建之前，需要对消费者的决策过程进行剖析，消费者采纳产品创新时一般需要经历三个过程，即产品创新信息获取、产品创新效用评估及产品创新采纳选择，如图 3.2 所示。

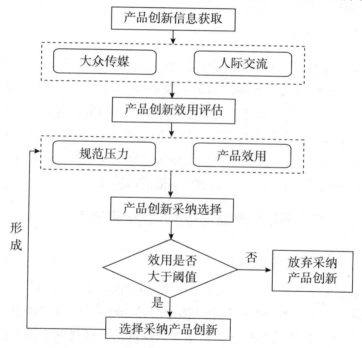

图 3.2　基于复杂网络的产品创新扩散的微观机制

（1）产品创新信息获取

产品创新扩散网络中的消费者个体出于生活或社交需要等原因产生对某种产品创新的需求，需求一旦产生，个体便会关注或者主动搜寻该类产品创新的相关信息。在此过程中，大众传媒和人际交流网络起着关键作用，其中，大众传媒以类似"脉冲"的传播方式定期、规律地将产品创新的信息进行大面积的传播，但传播的产品创新信息不详细，专业性也相对较差。而人际交流网络则主要通过产品创新扩散网络个体间的日常接触来传播产品创新的相关信息，其传播的产品创新信息范围要小一些，但其详细程度以及专业性程度都比大众传媒高得多。通过大众传媒和人际交流网络两种传播媒介的信息传播，产品创新扩散网络中的消费者个体会获得该种新产品的价格、功能、外貌和获得渠道等方面的基本信息，从而形成对该新产品产生初步的认知，其获知新产品信息的速度与大众传媒的传播强度、人际网络的聚集程度以及个体间的互动强度密切相关。但由于此阶段传播的信息大多是笼统的和不精确的，网络个体一般不将其作为自己的决策依据。

（2）产品创新效用评估

产品创新扩散网络中的消费者个体在获知产品创新的相关信息后，便会对该产品创新满足自己需求的程度有一个大概的了解，但采纳产品创新是需要付出成本的，因此消费者在采纳该项产品创新之前会对产品创新给自己带来的效用进行评估，当采纳产品创新的效用大于采纳成本时，消费者才有可能采纳该项产品创新。产品创新扩散网络中的消费者个体对于新产品采纳效用的评估主要包括两部分：一是产品创新自身属性（包括相对优势、可试验性、可观察性、复杂性及相容性）给消费者带来的产品效用，产品创新的综合属性越好，则会有越多的消费者能够获得产品质量效用；二是产品创新扩散网络中消费者个体网络邻居的采纳行为带给消费者的规范压力，这种规范压力来源于消费者对"团体"认可和个人价值观的实现等方面的追求，消费者个体网络邻居中采纳新产品的人数越多，消费者个体所受到的规范压力也就越大。

（3）产品创新采纳选择

在产品创新扩散网络个体对产品创新的采纳过程中，网络个体心中会有一个愿意付出的最高采纳成本，即对产品创新最低的期望效用水平，称为采纳阈值。当网络个体采纳产品创新的期望效用小于采纳阈值时，个体不会采纳该项产品创新，只有当期望效用不小于采纳阈值时，个体才会采纳该项产品创新，但由于网络个体的前瞻行为，如个体期望该项产品创新的价格会在一段时间后降低，或期望该项产品创新的某种性能在一段时间后得到改善等，个体可能并不会立即采纳该项产品创新，而是选择观望，在一定的时间延迟后，再实施采纳行为。

3.4.2.2 模型简介

阈值模型是社会科学研究领域尤其是在集体行为建模方面经常用到的模型，用来模拟在什么情况下个体会决定加入或不加入集体的行为中，以及加入集体行为中的数量的多少。在阈值模型中，每个个体都有一个自身的阈值，如果集体行为的规模大于该阈值，则个体会迫于集体的规范压力而选择服从与集体一致的行为；反之，如果集体行为的规模达不到个体的阈值，个体则不会受到集体行为的影响。阈值模型描述的是一种人与人之间正反馈的交互关系，即越多的个体加入集体的行为中来，越多的其他个体就会感觉到规范压力从而选择跟随、模仿集体的行为，进而又形成新一轮更强的规范压力，影响后续个体的行为。

到目前为止，阈值模型已经被广泛地用来模拟各种社会现象，如创新、疾病以及谣言的扩散等，但这些阈值模型都有一个非常苛刻的"全局信息"的假设，即个体能够获知其他所有人的行为信息，这显然是不恰当的，忽视了集体离散程度的大小及特殊性。因此，为了解决这个问题，学者们开始关注个体的局部网络效应，并提出了形形色色的阈值模型。该类模型认为，个体一般只能获知其局部网络的信息，个体的行为受其局部网络中的"曝光"水平的影响，当个体局部网络中的"曝光"值高于个体的阈值时，个体则会感受到社会压力而选择与其邻居个体（小团体）一致的行为；如果个体局部网络中的"曝光"值达不到个体的阈值，个体则不会感受到社会压力。在产品创新扩散中，"曝光"被定义为在既定的时刻，个体网络中已采纳创新的个体数量占个体总数的比例。

3.4.2.3 基本模型

本部分将构建一个包含阈值机制的产品创新扩散模型，其核心思想主要借鉴学者 Delre 等（2007）在 *Diffusion dynamics in small-world networks with heterogeneous consumers* 一文中构建的产品创新扩散模型，但与学者 Delre 的模型不同的是，本书将产品创新的信息传递过程考虑到模型中来，将信息传递效应和规范压力区分开，信息传递效应让潜在采纳者意识到产品创新的存在，进而形成对产品创新的偏好效用，在此基础上，规范压力进一步发挥作用，并最终决定个体对产品创新的采纳行为。口头交流与大众传媒是产品创新信息传递的主要媒介，当个体受到大众传媒的影响或个体网络的邻居个体中有人采纳了产品创新，该个体即可获知产品创新的全局信息，并对产品创新本身的技术和性能给自己带来的效用进行评价，而规范压力的大小则主要取决于其个体网络中的"曝光"水平。

此外，在 Delre 模型中由于大众传媒以概率的形式直接影响消费者的采纳行为，因此无论在什么情况下，产品创新在大众传媒的推动下最终都将完全扩散，这并不符合现实情况，也无法考察产品创新扩散的深度问题。本书的扩散模型将大众传媒的影响效应回归到信息影响本身，大众传媒只具有传播产品创新信息的作用，只会影响那些只靠产品创新本身的偏好效用就会采纳产品创新的技术狂热者，而其余的潜在采纳者的采纳行为最终由阈值机制来决定，这样更加符合实际情况。本书构建的阈值模型如下：

$$\mathrm{AC}_{i,t} = \begin{cases} 1 & U_{i,t} \geq U_{i,\mathrm{thre}} \\ 0 & U_{i,t} < U_{i,\mathrm{thre}} \end{cases} \tag{3-1}$$

其中，$\mathrm{AC}_{i,t}$ 表示消费者 i 在 t 时刻是否采纳产品创新的状态。当 $\mathrm{AC}_{i,t} = 0$ 时，表示消费者 i 在 t 时刻未采纳产品创新；当 $\mathrm{AC}_{i,t} = 1$ 时，表示消费者 i 在 t 时刻采纳了产品创新。$U_{i,t}$ 为消费者 i 在 t 时刻采纳产品创新能获得的总效用，$U_{i,\mathrm{thre}}$ 为消费者 i 的采纳阈值。当 $U_{i,t} < U_{i,\mathrm{thre}}$ 时，表示消费者 i 在 t 时刻采纳产品创新获得的总效用 $U_{i,t}$ 小于消费者 i 的采纳阈值，因而消费者 i 不会在 t 时刻采纳产品创新。当 $U_{i,t} \geq U_{i,\mathrm{thre}}$，表示消费者 i 在 t 时刻采纳产品创新获得的总效用 $U_{i,t}$ 大于或等于消费者 i 的采纳阈值，那么消费者 i 会在 t 时刻采纳产品创新。

消费者采纳产品创新的效用函数主要由两部分组成：一是产品创新本身的技术和性能给消费者带来的效用；二是消费者个体网络中已采纳产品创新的消费者带来的规范压力。具体函数如下：

$$U_{i,t} = \alpha_i N_{i,t} + (1 - \alpha_i) P_{i,j} \tag{3-2}$$

该效用函数又由"产品偏好"阈值函数及"规范压力"阈值函数两部分构成，具体内容如下：

$$\begin{aligned} q_j \geq p_{i,j} \Rightarrow P_{i,j} = 1 \\ q_j < p_{i,j} \Rightarrow P_{i,j} = 0 \end{aligned} \tag{3-3}$$

$$A_{i,t} \geq n_{i,\text{thre}} \Rightarrow N_{i,t} = 1$$
$$A_{i,t} < n_{i,\text{thre}} \Rightarrow N_{i,t} = 0$$

（3-4）

其中，α_i用来衡量个体局部网络中的规范压力对于个体影响的重要程度，具有高α_i值的市场为时尚市场，如衣服、皮包、电影等，而具有低α_i值的市场为非时尚市场，如橱柜、汽车、电脑以及冰箱等。在产品偏好$P_{i,j}$的阈值函数中，当产品创新的质量q_j大于或等于个体i对产品创新的偏好阈值$p_{i,j}$时，个体i将会形成对产品创新j的偏好效用，否则，由于产品创新的质量q_j无法满足个体i的预期目标，个体i将不会形成对产品创新j的偏好，即产品创新本身无法给个体i带来任何效用。在规范压力$N_{i,t}$的阈值函数中，只有当个体i的局部网络邻居中已采纳产品创新的个体的比例$A_{i,t}$超过个体i的阈值$n_{i,\text{thre}}$时，个体才会感受到规范压力，否则，个体不会感受到规范压力。这样的设定源自经典的阈值机制，即当个体周围只有很少一部分人表现出某一特定的行为时，该个体并不会感觉到规范压力。但是当周围表现出这一特定行为的个体达到一定数量时，该个体将会改变自己的态度而选择与周围的人的行为保持一致。

3.4.2.4 参数设定

在后文的仿真分析中，本书主要通过文献查阅、案例研讨以及模糊综合评价三种方法相结合的方式来对模型中的各项参数进行设定。其中，文献查阅方法主要指通过查阅与本书研究主题相关的文献，借鉴其他学者对于模型各项参数的设定思路，提炼出本书模型可借鉴的参数设置。而案例研讨则主要通过对具体的产品创新扩散的案例进行分析来设定相应的参数，如通过实际的产品创新扩散的案例来确定大众传媒信息传递效应的强度以及内外部影响系数的比例等。当前两种方法仍然无法确定模型的某项参数时，则本书主要通过模糊综合评价方法来确定参数的具体值，模糊综合评价方法的具体步骤如下。

（1）评价指标值与模糊密度值的确定

通过专家打分的方式，采用梯形模糊数表示的语意变量来计算各级指标的评价值。这一方法需要有关专家根据语意变量表先给出各级指标的语意值，进而构成评价指标的语意值集合H_1。

$$H_1 = \left\{ H_j\left(X_i^k\right) \middle| k=1, 2, \cdots, n;\ i=1, \cdots, d_{nk};\ j=1, \cdots, m \right\} \qquad （3-5）$$

其中，$H_j(X_i^k)$ 为第 J 位专家对评价层面 X^k 下第 i 个指标 X_i^k 给予的语意值，X_i^k 表示评价层面 X^k 下面的第 i 个定性指标。同上，根据模糊密度的语意变量表来计算模糊密度的语意值集合 L_1。

$$L_1 = \left\{ L_j\left(X_i^k\right) \middle| k=1, 2, \cdots n,\ i=1, \cdots, n_k, j=1, \cdots, m \right\}$$

其中，$L_j(X_i^k)$ 为第 J 位专家对评价层面 X^k 下第 i 个指标 X_i^k 赋予的重视度，X_i^k 表示评价层面 X^k 下面的第 i 个定性指标。

（2）计算指标的模糊值

对 H_1 中的指标语意值进行模糊运算，求出各指标的模糊值集合 H。

$$H\left(X_i^k\right) = \frac{1}{m} \otimes \left\{ H_1\left(X_i^k\right) \oplus H_2\left(X_i^k\right) \oplus \cdots \oplus H_m\left(X_i^k\right) \right\} \qquad （3-6）$$

$$H = \left\{ H\left(X_i^k\right) \middle| k=1,2, \cdots n;\ i=1, \cdots,\ d_{nk};\ j=1, \cdots, m \right\} \qquad （3-7）$$

可以运用相同的方法来计算模糊密度的语义值。

（3）解模糊化运算，将模糊值转化为明确值

常用的解模糊化公式有三种：其一是相对距离公式 M_1；其二为中心值法 M_2；第三种为重心值法 M_3。本书为了使计算结果更为科学、全面，将通过求这三种公式计算结果的平均值来将模糊数转换成明确值及模糊密度明确值。

（4）计算 λ 模糊测度

求出各个评价层面的 λ 模糊测度，得到：

$$L_\lambda\left(\left\{X_1^k,\ X_2^k\right\}\right),\ L_\lambda\left(\left\{X_2^k,\ X_3^k\right\}\right),\ \cdots L_\lambda\left(\left\{X_1^k,\ X_2^k,\ X_3^k\right\}\right),\ \cdots, \qquad （3-8）$$

$$L_\lambda\left(\left\{X_1^k,\ X_2^k,\ \cdots X_n^k\right\}\right),\ \cdots, L_\lambda\left(\left\{X_1^k,\ X_2^k,\ X_3^k \cdots, X_n^k\right\}\right)$$

（5）指标值排序

将评价层面 X_k 下的各个指标值 $H_m\left(X_i^k\right)$　$(i=1, \cdots, n_k)$ 按大小重新排序得：

$$H_m\left(X_{i_1}^k\right) \geqslant \cdots \geqslant H_m\left(X_{i_i}^k\right) \geqslant \cdots \geqslant H_m\left(X_{i_{nk}}^k\right),$$

$$\left(\{i_j \mid j = 1, 2, \cdots n_k\}\right) = \left(\{i \mid i = 1, 2, \cdots, n_k\}\right) \quad (3-9)$$

（6）计算各个评价层面的模糊积分评价值

利用模糊积分公式求得评价层面X_k的评价值$H(X_k)$。

$$H\left(X_k\right) = H\left(X_{i_{nk}}^k\right) L_\lambda\left(\left\{X_{i_1}^k, X_{i_2}^k, X_{i_3}^k, \cdots, X_{i_{nk}}^k\right\}\right) + \cdots +$$

$$\left(H\left(X_{i_2}^k\right) - H\left(X_{i_3}^k\right)\right) \times L_\lambda\left(\left\{X_{i_1}^k, X_{i_2}^k\right\}\right) + \left(H\left(X_{i_1}^k\right) - H\left(X_{i_2}^k\right)\right) L_\lambda\left(X_{i_1}^k\right) \quad (3-10)$$

（7）计算总评价值

根据一、二级指标的模糊积分评价值和模糊密度值，通过加权求和的方法计算出总的评价值。

3.4.3 仿真参数设置

基于本章的研究问题，设置相应的仿真参数，包括固定参数及各对照组参数两种，具体参数设置情况如下。

3.4.3.1 产品质量、重连概率与产品创新扩散关系研究的仿真参数的设置

为分析不同的重连概率条件下产品质量由低到高的变化对产品创新扩散结果的影响，本部分将产品质量参数p设置为0.28928，0.44470，0.50419和0.54864四种情况，得到四种仿真模型，模型的固定参数设置及各对照组模型参数设置情况如表3.1、表3.2所示。

表3.1 产品质量、重连概率与产品创新扩散关系的固定仿真参数设置

变量名	参　数	参数值
产品偏好	$p_{i,j}$	$N\left(0.5, \ 0.1^2\right)$
规范权重	α_i	$N\left(0.65, \ 0.1^2\right)$
规范阈值	$n_{i,\mathrm{thre}}$	$N\left(0.3, \ 0.1^2\right)$
采纳阈值	$U_{i,\mathrm{thre}}$	$N\left(0.5, \ 0.1^2\right)$
大众传媒影响强度	$\mathrm{Mass-media}$	0.003

变量名	参　数	参数值
主体数量	Agent－number	1000
运行步数	Run－times	500

表 3.2　产品质量、重连概率与产品创新扩散关系的各对照组模型参数设置

模　型	p	网络重连概率
Model 1	0.28928	0，0.02，0.04，0.1，0.2，0.4，0.6，0.9，1
Model 2	0.44470	0，0.02，0.04，0.1，0.2，0.4，0.6，0.9，1
Model 3	0.50419	0，0.02，0.04，0.1，0.2，0.4，0.6，0.9，1
Model 4	0.54864	0，0.02，0.04，0.1，0.2，0.4，0.6，0.9，1

3.4.3.2 产品质量、网络规模与产品创新扩散关系研究的仿真参数的设置

本部分将分别在规则网络、小世界网络、随机网络和无标度网络四种复杂网络结构中分析产品质量、网络规模与产品创新扩散之间的影响关系。其中，产品质量参数分别设置为 0.57，0.50 及 0.43 三种情况，分别代表高质量产品、中质量产品以及低质量产品，并分别在节点数 V 为 200，400，600，800 以及 1000 五种网络规模情景下进行仿真，来观察创新扩散速度及深度的变化，模型的核心参数设置如表 3.3、表 3.4 所示。

表 3.3　产品质量、网络规模与产品创新扩散关系的固定仿真参数设置

变量名	参　数	参数值
产品偏好	$p_{i,j}$	$N\left(0.5,\ 0.1^2\right)$
规范权重	α_i	$N\left(0.65,\ 0.1^2\right)$
规范阈值	$n_{i,\mathrm{thre}}$	$N\left(0.3,\ 0.1^2\right)$
采纳阈值	$U_{i,\mathrm{thre}}$	$N\left(0.5,\ 0.1^2\right)$
大众传媒影响强度	Mass－media	0.003
运行步数	Run－times	500

表3.4　产品质量、网络规模与产品创新扩散关系的各对照组仿真参数设置

模　型	p	节点V数量
Model 1	0.57	$V = 200$,　$V = 400$,　$V = 600$,　$V = 800$,　$V = 1000$
Model 2	0.50	$V = 200$,　$V = 400$,　$V = 600$,　$V = 800$,　$V = 1000$
Model 3	0.43	$V = 200$,　$V = 400$,　$V = 600$,　$V = 800$,　$V = 1000$

其中，不同网络规模下的创新者人数占总人数的比例如表3.5所示，可以看出，不同的产品质量参数情境下，无论网络规模如何变化，创新者占总人数的比例基本一致。

表3.5　创新者比例

数　量	高质量 ($p = 0.57$)	中质量 ($p = 0.50$)	低质量 ($p = 0.43$)
$V = 200$	0.100	0.060	0.035
$V = 400$	0.100	0.068	0.038
$V = 600$	0.100	0.070	0.037
$V = 800$	0.106	0.069	0.038
$V = 1000$	0.105	0.070	0.037

3.4.3.3 产品质量、网络密度与产品创新扩散关系研究的仿真参数的设置

本部分将分别在规则网络、小世界网络、随机网络和无标度网络四种复杂网络结构中分析产品质量、网络密度与产品创新扩散之间的影响关系。其中，产品质量参数分别设置为 0.57，0.50 及 0.43 三种情况，分别代表高质量产品、中质量产品以及低质量产品，并分别在 0.002，0.004，0.006，0.008 以及 0.010 五种网络密度情景下进行仿真，来观察产品创新扩散速度及深度的变化，模型的核心参数设置如表3.6、表3.7所示。

表 3.6　产品质量、网络密度与产品创新扩散关系的固定仿真参数设置

变量名	参数	参数值
产品偏好	$p_{i,j}$	$N\left(0.5,\ 0.1^2\right)$
规范权重	α_i	$N\left(0.65,\ 0.1^2\right)$
规范阈值	$n_{i,\text{thre}}$	$N\left(0.3,\ 0.1^2\right)$
采纳阈值	$U_{i,\text{thre}}$	$N\left(0.5,\ 0.1^2\right)$
大众传媒影响强度	$Mass-media$	0.003
主体数量	$Agent-number$	1000
运行步数	$Run-times$	500

表 3.7　产品质量、网络密度与产品创新扩散关系的各对照组仿真参数设置

模　型	p	网络密度
Model 1	0.57	$d=0.002, d=0.004, d=0.006, d=0.008, d=0.010$
Model 2	0.50	$d=0.002, d=0.004, d=0.006, d=0.008, d=0.010$
Model 3	0.43	$d=0.002, d=0.004, d=0.006, d=0.008, d=0.010$

3.4.4　多智能体仿真分析

基于本章仿真分析的三个问题，运用多智能体仿真方法进行仿真分析。多智能体仿真分析的步骤如下。

（1）系统初始化。创建仿真主体 Turtles（消费者），初始化所有主体的状态为"未采纳者"，赋予主体相关属性，包括采纳阈值属性 $N\left(0.5,0.1^2\right)$、产品偏好属性 $N\left(0.5,0.1^2\right)$、规范阈值属性 $N\left(0.3,0.1^2\right)$ 及权重属性 $N\left(0.65,0.1^2\right)$ 等。

（2）参数设置。针对本章要研究的三个问题，设计相应的仿真情景组，并设置各仿真情景组下的各项参数。本部分需要调节的仿真参数主要有产品质量参数、重连概率参数、网络规模参数以及网络密度参数四种。

（3）系统启动。大量的实证数据表明，产品创新的扩散一般是由外部因素

影响而启动，随后主要由内部影响持续推动直至扩散结束。基于此，并借鉴一些学者的思路，本部分仿真也由大众传媒的信息传递效应来启动，当大众传媒影响到首批创新者（即获知产品创新信息后即会采纳产品创新的消费者）后，产品创新开始在主体间进行扩散，即系统启动运行。

（4）个体状态更新。当系统启动运行后，每个时间步内所有主体会基于阈值函数对采纳产品创新获得的预期效用进行一次评价，包括"产品质量效用"与"规范压力"，当个体采纳产品创新的预期总效用大于等于其采纳阈值时，个体的状态则会更新为"采纳者"，否则个体的状态仍为"未采纳者"。当所有的主体进行完效用评价并更新完自身的采纳状态后，本次时间步的运行结束，系统开始进入下一个时间步的运行，所有主体重新对采纳产品创新的预期效用进行评价，并根据阈值机制更新自己的状态，如此循环往复。

（5）系统停止。当产品创新的信息传递遍及所有的主体，并且所有主体的采纳状态不再改变，则扩散终止，系统停止运行，否则系统将重复第四步的运行规则，直到系统扩散结束。

具体步骤如图 3.3 所示。

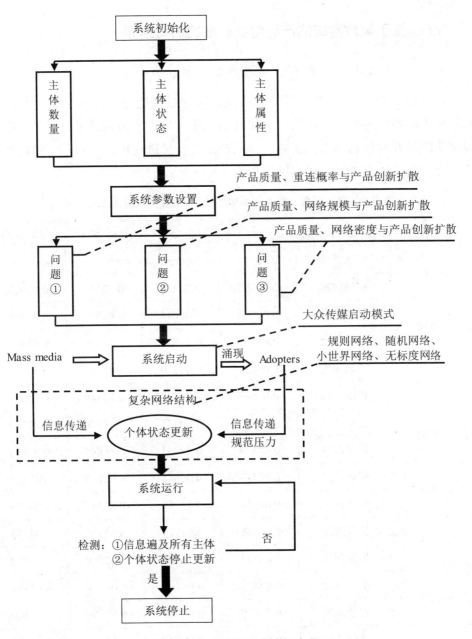

图 3.3　多智能体仿真分析步骤

3.5 基于复杂网络的产品创新扩散的仿真结果

3.5.1 *产品质量、重连概率与产品创新扩散*

基于前文设置的参数，利用 NetLogo 软件对模型进行仿真分析，每种参数条件下的模型进行 100 次仿真，将其均值作为最终的仿真结果，以最大限度地消除随机性对仿真结果的影响，并从产品创新扩散速度及产品创新扩散深度两个方面汇总仿真数据，仿真结果如表 3.8 所示。

表 3.8 产品质量、重连概率与产品创新扩散关系的仿真结果

重连概率	扩散速度及深度	Model 1	Model 2	Model 3	Model 4
$r = 0$	扩散速度	0.00715	0.00681	0.00947	0.01109
	扩散深度	0.06395	0.24455	0.72190	0.92000
$r = 0.02$	扩散速度	0.00664	0.00615	0.01076	0.01449
	扩散深度	0.65550	0.29305	0.74440	0.92810
$r = 0.04$	扩散速度	0.00631	0.00630	0.01175	0.01837
	扩散深度	0.07565	0.41355	0.78840	0.93635
$r = 0.07$	扩散速度	0.00769	0.00525	0.01736	0.02710
	扩散深度	0.08270	0.58855	0.86865	0.94890
$r = 0.1$	扩散速度	0.00557	0.00644	0.02103	0.03419
	扩散深度	0.08330	0.79785	0.88810	0.95375
$r = 0.2$	扩散速度	0.00556	0.01139	0.02775	0.04235
	扩散深度	0.06275	0.89400	0.92060	0.95500
$r = 0.4$	扩散速度	0.00453	0.00771	0.02758	0.04894
	扩散深度	0.03670	0.85690	0.92170	0.95500
$r = 0.6$	扩散速度	0.00467	0.00623	0.02110	0.04921
	扩散深度	0.03200	0.65450	0.92180	0.95500
$r = 0.9$	扩散速度	0.00403	0.00468	0.02089	0.04648
	扩散深度	0.03375	0.50145	0.92180	0.95495

重连概率	扩散速度及深度	Model 1	Model 2	Model 3	Model 4
$r=1$	扩散速度	0.00440	0.00413	0.02358	0.04655
	扩散深度	0.03425	0.45070	0.92170	0.95495

3.5.1.1　产品创新扩散的速度

对产品创新扩散速度的仿真数据进行作图（图3.4），从图3.4中可以看出，无论产品质量如何变化，随着网络重连概率的提高，产品创新扩散的速度都呈现出先上升后下降并最终又有些许上升的变动趋势，即产品创新在规则网络中的扩散速度最慢，在小世界网络中的扩散速度先逐渐加快又逐渐降低，并在接近随机网络的时候又有所加快。由此可见，网络结构对于产品创新扩散的影响并不是简单的线性关系，而是呈现出非常复杂的动态变化，从产品创新扩散的绝对速度来看，产品创新在规则网络中的扩散速度最慢，在小世界网络中的一定重连概率区域内的扩散速度高于随机网络，而其余部分重连概率区域的扩散速度则低于规则网络。

另外，在相同的重连概率条件下，随着产品质量的提高，产品创新扩散的速度也会相应地提高，但值得注意的是，当产品质量低到一定程度时，如$p=0.28928$和$p=0.44470$时，在一定的重连概率区域内，如$r=0$到$r=0.1$之间以及$r=0.9$到$r=1$之间，产品质量的提高对产品创新扩散速度影响并不明显，这说明产品质量的降低能够稀释网络结构对于产品创新扩散速度的影响的差异性程度。此外，从图3.4中可以发现，产品创新扩散速度的极值都出现在小世界网络中，并且随着产品质量的提升，产品创新扩散速度极值出现时的网络重连概率值也逐渐增大，这说明在小世界网络中，网络结构对产品创新扩散速度影响强度的分布状态也受产品质量的影响，在相同的条件下，产品质量的提高需要对应更大的重连概率才能形成产品创新扩散速度的极值。

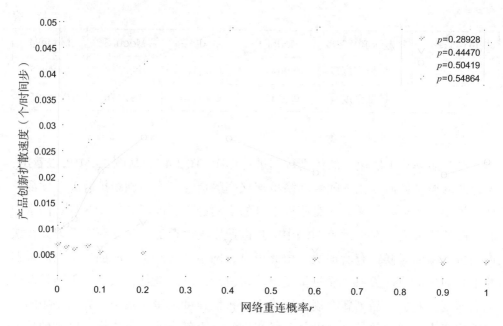

图 3.4　网络重连概率与产品创新扩散速度仿真结果

3.5.5.2 产品创新扩散的深度

对产品创新扩散深度的仿真数据进行作图（图 3.5），从图 3.5 中可以看出，在相同的产品质量参数条件下，提高网络的重连概率，产品创新扩散的深度都呈现出先上升后下降的趋势，但这种趋势只有在产品质量参数在一定条件范围内才会非常显著，如 $p = 0.44470$ 时，产品创新扩散的深度随着网络重连概率的提高，其变动幅度非常大，变动趋势也非常显著。而在产品质量参数过高或过低时，如 $p = 0.28928$、$p = 0.50419$ 以及 $p = 0.54864$ 时，产品创新扩散深度虽然会随着网络重连概率的提高呈现出先提高后降低的变动趋势，但这种变动趋势非常微弱，尤其是在产品质量极高的时候，随着网络重连概率的提高，产品创新扩散的深度几乎没有什么变化。这说明过高的产品质量和过低的产品质量都会降低网络结构对于产品创新扩散深度影响的差异性程度。

此外，从图 3.5 中可以发现，在具有同等网络重连概率的复杂网络结构条件下，提高产品的质量参数，都会相应地提高产品创新扩散的深度，但不同的网络重连概率条件下，提高相同程度的产品质量对于产品创新扩散深度的提高程度是不一样的。例如，将产品质量从 $p = 0.28928$ 提高到 $p = 0.44470$ 时，在不同的重连概率条件下，同等产品质量的变动对提高产品创新扩散深度的影响程度呈现出先增加后降低的变动趋势，在网络重连概率 $r = 0.2$ 时达到最大值，其扩散深度的提高值达到 0.83125。这表明网络结构在产品质量影响产品创新扩散深度的过程中起到一个调节作用，其调节的强度呈现出先增加后降低的变动规律。

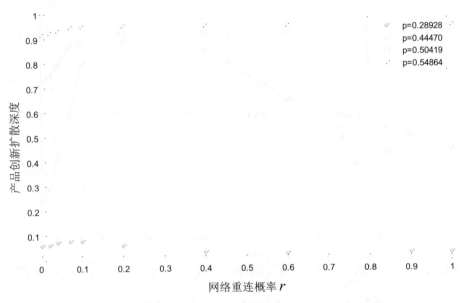

图 3.5　网络重连概率与产品创新扩散深度关系的仿真结果

3.5.2　产品质量、网络规模与产品创新扩散

基于前文设置的参数，利用 NetLogo 软件对模型进行仿真分析，每种参数条件下的模型进行 100 次仿真，并将 100 次的仿真结果的均值作为最终的仿真结果，以最大限度地消除随机性对仿真结果的影响。仿真结果如表 3.9 至表 3.12 所示。

表 3.9　基于规则网络的产品质量、网络规模与产品创新扩散关系的仿真结果

网络规模	扩散速度及深度	高质量产品	中质量产品	低质量产品
$V = 200$	扩散速度	0.02952	0.01084	0.01021
	扩散深度	0.82000	0.74500	0.22000
$V = 400$	扩散速度	0.01832	0.00697	0.00767
	扩散深度	0.92000	0.78500	0.43500
$V = 600$	扩散速度	0.01095	0.00678	0.00635
	扩散深度	0.93642	0.82375	0.52333
$V = 800$	扩散速度	0.01117	0.00559	0.00532
	扩散深度	0.92888	0.64988	0.37587
$V = 1000$	扩散速度	0.01718	0.00991	0.00623
	扩散深度	0.89800	0.80400	0.40115

表 3.10　基于小世界网络的产品质量、网络规模与产品创新扩散关系的仿真结果

网络规模	扩散速度及深度	高质量产品	中质量产品	低质量产品
$V = 200$	扩散速度	0.03256	0.02123	0.00921
	扩散深度	0.92425	0.90775	0.24450
$V = 400$	扩散速度	0.02827	0.01411	0.00987
	扩散深度	0.95150	0.86938	0.51700
$V = 600$	扩散速度	0.03404	0.01381	0.00742
	扩散深度	0.95358	0.90200	0.49350
$V = 800$	扩散速度	0.02731	0.01579	0.00661
	扩散深度	0.95744	0.88900	0.53156
$V = 1000$	扩散速度	0.02853	0.02092	0.00730
	扩散深度	0.95275	0.89745	0.55070

表 3.11　基于随机网络的产品质量、网络规模与产品创新扩散关系的仿真结果

网络规模	扩散速度及深度	高质量产品	中质量产品	低质量产品
$V = 200$	扩散速度	0.03635	0.01377	0.00683
	扩散深度	0.96000	0.86300	0.18075
$V = 400$	扩散速度	0.04689	0.01534	0.00529
	扩散深度	0.95500	0.88275	0.20587
$V = 600$	扩散速度	0.04976	0.02308	0.00397
	扩散深度	0.96667	0.93500	0.32308
$V = 800$	扩散速度	0.04827	0.01913	0.00491
	扩散深度	0.96369	0.92500	0.37413
$V = 1000$	扩散速度	0.04951	0.02774	0.00470
	扩散深度	0.97200	0.93795	0.20630

表 3.12　基于无标度网络的产品质量、网络规模与产品创新扩散关系的仿真结果

网络规模	扩散速度及深度	高质量产品	中质量产品	低质量产品
$V = 200$	扩散速度	0.03376	0.01556	0.00752
	扩散深度	0.89675	0.48475	0.07050
$V = 400$	扩散速度	0.04181	0.01317	0.00574
	扩散深度	0.94963	0.72850	0.16050
$V = 600$	扩散速度	0.05358	0.01548	0.00564
	扩散深度	0.97167	0.70450	0.28767
$V = 800$	扩散速度	0.05570	0.02853	0.00691
	扩散深度	0.97250	0.83525	0.33844
$V = 1000$	扩散速度	0.06428	0.01564	0.00444
	扩散深度	0.96995	0.78235	0.16355

3.5.2.1 产品创新扩散速度

基于前文的仿真数据进行绘图，得到图 3.6。从图中可以发现，在规则网

络、小世界网络、随机网络和无标度网络四种网络类型中都存在这样的规律，即无论网络规模如何变化，提高产品质量都能相应地提高产品创新的扩散速度，这说明产品质量与产品创新扩散速度之间存在显著的正相关关系，但其变动的幅度随着网络类型的改变呈现出较大的差异性，这说明网络结构能够在产品质量对产品创新扩散的影响关系中起到一定的调节作用。尤其在规则网络中，网络结构的这种调节作用更加明显，从图 3.6（a）可以看出当产品质量从 $p = 0.43$ 提高到 $p - 0.50$ 时，产品创新扩散速度的变动幅度相对于其他三种网络要小得多，甚至在部分的网络规模区间内出现逆向的变动趋势，这是由于规则网络的平均路径长度相对于其他三种网络要大得多，因此其产品创新扩散的难度比其他三种网络大，当产品质量 p 在较小的区间值内变动时，产品创新都是难以扩散开的，因此其扩散的速度都非常低，并围绕着极低的值进行波动。

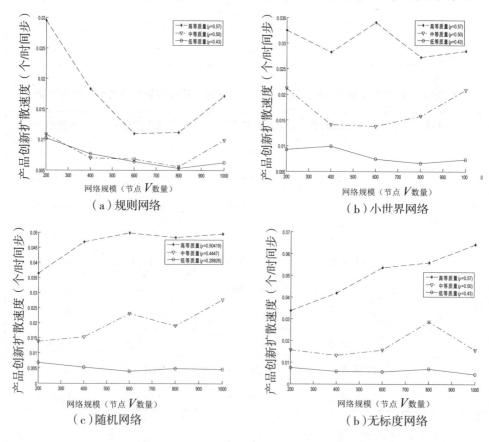

图 3.6　产品创新扩散速度仿真绘图

同时，我们也发现，无论在哪种网络类型中，同等产品质量条件下，网络规模的变动对于产品创新扩散速度的影响呈现出非线性的变动规律，即随着网络规模的增大，产品创新扩散的速度呈现出复杂的、动态的起伏变化，而不是呈现出简单的单向变动规律。这表明，在产品创新的市场推广过程中，并不是目标市场的规模越小产品创新就越容易扩散，还需要考虑消费者网络的结构特征以及产品的质量等一系列因素，这也说明了在制定具体的产品创新营销策略时不能仅凭管理者的主观感受来判断产品创新扩散的结果，而要通过科学的方法来分析产品创新的市场环境，进而制定相应的营销策略，才能推动产品创新的快速扩散。

3.5.2.2 产品创新扩散深度

从图 3.7 中可以看出，与产品创新扩散速度的仿真结果一样，无论在哪种网络类型中，随着产品质量的提高，产品创新扩散的深度都会相应地提高，说明产品质量与产品创新扩散的深度之间存在正向的作用关系，提高产品质量能显著地提高产品创新的扩散深度。同时，从图 3.7 中可以发现，在规则网络、小世界网络、随机网络以及无标度网络中，随着网络规模的扩大，产品创新的扩散深度都近似地呈现先上升后下降的变动趋势，这说明相同的创新者比例在不同的网络规模条件下，对于产品创新扩散深度的影响效用是存在一个网络规模阈值的，当消费者网络的规模小于这个阈值的时候，在保证创新者比例不变的情况下，扩大网络规模能够促进产品创新扩散的深度，而当消费者网络的规模大于这个阈值的时候，进一步地扩大网络规模则会降低产品创新的扩散深度，并且从图 3.7 中可知，这个网络规模阈值的大小与网络的类型及产品的质量相关，不同的网络类型中，不同的产品质量条件下，网络规模对产品创新扩散深度的影响阈值也不同。此外，在四种网络类型中，产品质量越高，产品扩散深度随着网络规模的增加而呈现出的变动趋势越不明显，说明提高产品质量能够在一定程度上稀释网络规模对产品创新扩散深度的影响。

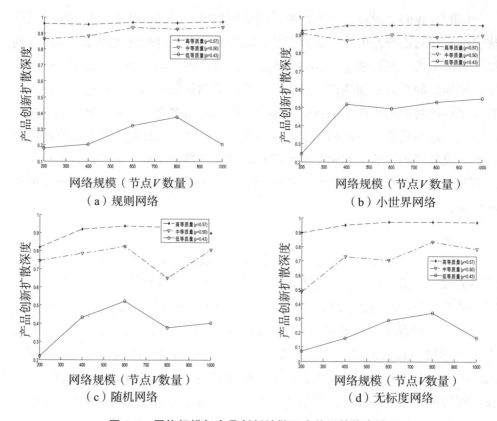

图 3.7　网络规模与产品创新扩散深度关系的仿真绘图

3.5.3　产品质量、网络密度与产品创新扩散

基于前文设置的参数，利用 NetLogo 软件对模型进行仿真分析，每种参数条件下的模型进行 100 次仿真，并将 100 次的仿真结果的均值作为最终的仿真结果，以最大限度地消除随机性对仿真结果的影响。仿真结果如表 3.13 至表 3.16 所示。

表 3.13　基于规则网络的产品质量、网络密度与产品创新扩散关系的仿真结果

网络密度	扩散速度及深度	高质量产品	中质量产品	低质量产品
$d = 0.002$	扩散速度	0.00633	0.00540	0.00471
	扩散深度	0.87260	0.59965	0.41420
$d = 0.004$	扩散速度	0.00838	0.00528	0.00421
	扩散深度	0.88845	0.60235	0.39560

网络密度	扩散速度及深度	高质量产品	中质量产品	低质量产品
$d = 0.006$	扩散速度	0.01024	0.00321	0.00340
	扩散深度	0.93600	0.73100	0.33640
$d = 0.008$	扩散速度	0.01378	0.00652	0.00816
	扩散深度	0.94200	0.85700	0.43495
$d = 0.010$	扩散速度	0.01601	0.00466	0.00672
	扩散深度	0.96900	0.83910	0.22505

表 3.14　基于小世界网络的产品质量、网络密度与产品创新扩散关系的仿真结果

网络密度	扩散速度及深度	高质量产品	中质量产品	低质量产品
$d = 0.002$	扩散速度	0.00596	0.00525	0.00434
	扩散深度	0.80505	0.56925	0.28330
$d = 0.004$	扩散速度	0.01874	0.00631	0.00453
	扩散深度	0.91030	0.66320	0.39330
$d = 0.006$	扩散速度	0.02523	0.01040	0.00427
	扩散深度	0.94925	0.80985	0.41540
$d = 0.008$	扩散速度	0.02984	0.01543	0.00605
	扩散深度	0.96360	0.88290	0.41725
$d = 0.010$	扩散速度	0.03462	0.01817	0.00624
	扩散深度	0.94865	0.92055	0.37510

表 3.15　基于随机网络的产品质量、网络密度与产品创新扩散关系的仿真结果

网络密度	扩散速度及深度	高质量产品	中质量产品	低质量产品
$d = 0.002$	扩散速度	0.00407	0.00417	0.00370
	扩散深度	0.53990	0.34515	0.19915
$d = 0.004$	扩散速度	0.04602	0.02781	0.01027
	扩散深度	0.96790	0.92460	0.88315

续 表

网络密度	扩散速度及深度	高质量产品	中质量产品	低质量产品
$d = 0.006$	扩散速度	0.04671	0.02379	0.01997
	扩散深度	0.96880	0.91895	0.41535
$d = 0.008$	扩散速度	0.04137	0.01972	0.00321
	扩散深度	0.95685	0.91980	0.07230
$d = 0.010$	扩散速度	0.05170	0.01530	0.00382
	扩散深度	0.96900	0.92000	0.05180

表 3.16　基于无标度网络的产品质量、网络密度与产品创新扩散关系的仿真结果

网络密度	扩散速度及深度	高质量产品	中质量产品	低质量产品
$d = 0.002$	扩散速度	0.00437	0.00411	0.00411
	扩散深度	0.29490	0.18930	0.09580
$d = 0.004$	扩散速度	0.04096	0.02337	0.02337
	扩散深度	0.96600	0.88895	0.26275
$d = 0.006$	扩散速度	0.05211	0.02575	0.02575
	扩散深度	0.96670	0.92635	0.34890
$d = 0.008$	扩散速度	0.04132	0.01797	0.01797
	扩散深度	0.96700	0.92860	0.11895
$d = 0.010$	扩散速度	0.04022	0.01534	0.01534
	扩散深度	0.96330	0.92451	0.10254

从产品创新扩散速度与产品创新扩散深度两个方面对仿真数据进行整理、作图和分析，具体内容如下。

3.5.3.1 产品创新扩散速度

观察图 3.8 中产品创新在规则网络、小世界网络、随机网络与无标度网络的扩散情况，发现无论在哪种复杂网络拓扑结构中，提高网络密度，产品创新的扩散速度都近似呈现出逐渐上升的变动趋势，但是在随机网络与无标度网络中，随着网络密度的提高，产品创新的扩散速度不仅仅会呈现逐渐上升的趋

势，当网络密度大于一定的值时，还会呈现逐渐下降的趋势。这说明网络密度对于产品创新扩散速度并不是呈现一成不变的正向促进作用，当网络密度过大时，反而会降低产品创新的扩散速度。当网络密度过大时尤其在随机网络和无标度网络中，这种变动趋势更加明显。同时，从图 3.8 中可知，无论在哪种复杂网络拓扑结构中，在同等网络密度条件下，高质量产品的扩散速度都要快于中等质量产品与低质量产品，其中低质量产品的扩散速度最慢，且这三种产品质量类型条件下产品创新扩散速度的差异性程度，随着网络密度的改变而呈现出先扩大后缩小的趋势，说明网络密度在产品质量对产品创新扩散速度的影响过程中起到一定的条件作用，当网络密度较小时，提高网络密度能够放大产品质量对产品创新扩散速度的影响，而当网络密度较大，大于一定值时，提高网络密度会缩小产品质量对产品创新扩散速度的影响。

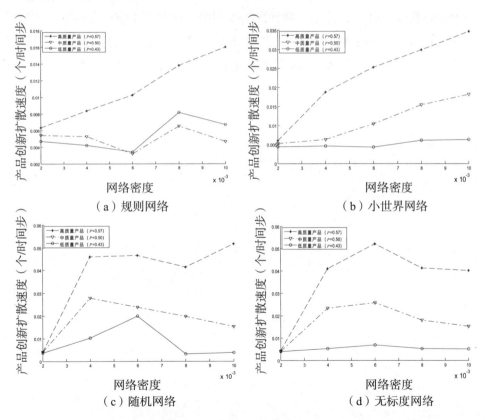

图 3.8　网络密度与产品创新扩散速度关系的仿真绘图

3.5.3.2 产品创新扩散深度

从图 3.9 中可以看出，随着网络密度的增加，产品创新扩散的深度在规则网络、小世界网络、随机网络与无标度网络中也都同样呈现出先提高后下降的趋势，且这种变动趋势在低质量产品的扩散中尤其明显，其变动的幅度也最大。这说明网络密度在低质量产品对产品创新扩散深度的影响过程中起到的调节效应最显著，而在中等质量产品与高等质量产品对产品创新扩散深度的影响过程中起到的调节效应较小。并且，从图 3.9 中可以看出，随着网络密度的增加，高等质量产品与中等质量产品的扩散深度逐渐接近并且最终接近于重合，而低等质量产品的扩散深度最终与中、高等质量产品的扩散深度的差距越来越大，说明当产品质量处于中上等水平时，提高网络密度能够缩小产品质量对产品创新扩散深度的影响程度，并且会放大低等质量产品与中、高等质量产品对产品创新扩散速度影响的差异化程度。此外，无论在哪种网络类型中，同等网络密度条件下，高等质量产品的扩散深度都是最大的，其次是中等质量产品，最后是低等质量产品，进一步证实了"提高产品创新的质量能积极地促进产品创新扩散"这条结论。

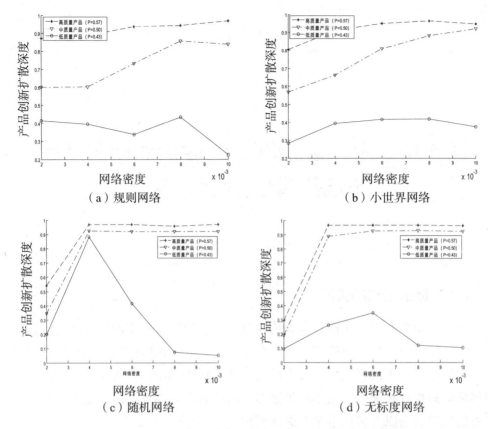

图 3.9　网络密度与产品创新扩散深度关系的仿真绘图

3.6　本章小结

本章首先对产品质量的构成要素进行了分析，包括产品的相对优势、相容性、可观察性、可试验性及复杂性五个部分。然后，对产品质量与产品创新扩散启动强度之间的关系进行了研究，并选择网络结构作为产品质量与产品创新扩散关系研究的调节变量，在此基础上，结合对消费者决策过程的分析，构建了基于复杂网络的产品创新扩散的阈值模型，在规则网络、小世界网络、随机网络及无标度网络四种复杂网络环境下，运用多智能体仿真方法，从重连概率、网络规模及网络密度三个维度分析了产品质量与产品创新扩散之间的关系，并从产品创新扩散速度与产品创新扩散深度两个角度对仿真结果进行了分析，揭示了产品质量与产品创新扩散之间的影响规律及网络结构在其中的作用。

第4章 基于复杂网络的促销活动与产品创新扩散的关系研究

4.1 促销活动的类型

促销活动指的是企业通过大众传媒及人际交流网络等扩散媒介推出的旨在传播产品信息的各项优惠措施，目的在于在某个既定的时间段通过传播新产品信息（伴随着较小的规范压力）来提高新产品在市场中的销售量。本书提到的促销活动是指旨在加强产品创新扩散起飞的所有市场调控手段，主要包括大众传媒的推广活动以及目标市场的选择两种。

4.1.1 大众传媒推广

在一项产品创新进入市场的初期，产品创新的扩散主要由大众传媒的宣传活动推动。企业的管理者通过广播、电视、报纸及杂志等媒介来对产品创新的性能、包装等基本信息进行宣传，当产品信息经由大众传媒传播到"创新者"群体时，便形成了产品创新进行中后期社会性传染扩散的主要动力源——"种子（seeds）"，当产品创新扩散的种子顾客足够多时，便能形成产品创新的起飞，进而推动产品创新的成功扩散。其中，在大众传媒的推广活动过程中，如何选择大众传媒的推动时机以及相应的推广强度，是决定产品创新能否成功扩散的关键要素。例如，Agarwal（2002）和Tellis（2003）的研究表明，棕色产品"brown goods"（如TV和CD播放器等）的起飞时间要比白色产品"white goods"（如厨房家具和洗衣机等）要早得多，对于白色产品来说，最好的推广策略是在至少有10%的消费者采纳新产品时推广新产品，而对于棕色产品来说，在其进入市场之后就应该立即进行相应的大众传媒宣传活动。由此可见，对于不同种类的新产品来说，最佳的推广时机的选择也是具有差异性的，过早或过晚的大众传媒推广活动都可能会导致产品创新扩散的失败。

根据大众传媒的推广时机以及推广强度的差异性，我们可以将大众传媒的推广策略分为四种，即早期强推广、早期弱推广、晚期强推广及晚期弱推广，如图 4.1 所示。

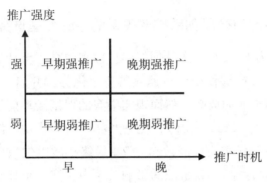

图 4.1　大众传媒的推广策略

4.1.2　目标市场选择

在产品创新进入市场的早期阶段，为了尽快地形成足量的早期采纳者以启动产品创新在消费者之间的"社会传染"过程，从而促进产品创新的快速扩散，企业的管理者往往会选择一部分目标市场的消费者人群，并通过折扣甚至赠样的方式来激励目标市场消费者对产品创新的采纳行为，称为目标市场选择策略。企业的目标市场选择策略一般可以分为三种：

（1）随机选取。随机选择消费者人群作为促销活动的对象能够很快地将产品创新的信息在消费者群体之间进行传播，但由于消费者之间比较分散，联系不紧密，以至于难以形成高强度的规范压力。

（2）集聚性优先。集聚系数衡量的是消费者之间的"小团体"的程度，选取集聚系数大的消费者作为促销活动的对象，更易于形成高的规范压力，但这种规范压力以及产品创新的相关信息受"小团体"特性的影响，不容易在整个消费者群体之间进行传播。

（3）度值优先。在无向网络中，度值是指与一个节点相连的边数，在产品创新扩散中则反映了消费者的"人脉"，消费者的度值越大，表明其人际关系越庞大。选择度值大的消费者作为促销活动的对象，能够较好地将产品创新的相关信息在消费者群体中进行传播，也容易形成较高的规范压力来影响消费者的采纳行为，推动产品创新的扩散。

这三种目标市场的选择策略到底孰优孰劣，需综合考虑市场特征、网络结构以及产品质量等因素，基于特定的环境从而有针对性地选择目标市场策略，才能有效地推动产品创新的扩散。

4.2 促销活动与产品创新扩散关系的中介变量选择及分析

市场渗透的初始阶段对于产品创新的扩散来说是一个特别关键的部分，一个快速、大量的起飞能够使企业迅速获得竞争优势，并启动一波传染性消费，从而决定产品创新扩散的成败。然而现实中有的促销活动能够推动产品创新快速、实质性的"起飞"（take-off），促进产品创新的成功扩散，而有的促销活动则无法形成产品创新实质性的"起飞"，最终扩散以失败告终。那么究竟起飞时间在促销活动与产品创新扩散的影响关系中扮演一个什么样的角色？为了探寻这个问题，本章将起飞时间作为中介变量来研究促销活动、起飞时间与产品创新扩散之间的互动关系，通过仿真分析来揭示三者之间的影响规律。起飞时间的概念及计算公式如下。

4.2.1 起飞时间的概念

产品创新扩散的一般规律为，早期主要由大众传媒等外部影响因素推动，在市场中进行扩散，扩散的增长速度较缓慢，而随着采纳产品创新的消费者人数的不断积累，其增长速度逐渐加快，当产品创新的市场渗透率达到一定临界值，足以启动产品创新的"社会传染"过程时，人际交流等内部影响因素开始发挥主导作用，产品创新扩散的速度呈现爆炸式的指数增长模式，但随着产品创新扩散的潜在市场空间的不断压缩，产品创新扩散的增长速度最终会逐渐放缓并停止。在此过程中，产品创新的市场渗透率能否达到一定的临界值从而启动内部影响主导的产品创新扩散的"社会传染"过程，是决定产品创新能否成功扩散的关键因素，如果产品创新的市场渗透率能够达到一定的临界值从而启动由内部影响主导的产品创新扩散的"社会传染"过程，那么就存在产品创新扩散的起飞过程，而如果产品创新的市场渗透率达不到这个临界值导致无法有效地启动产品创新扩散的"社会传染"过程，则不存在产品创新扩散的起飞过程。如果产品创新扩散的起飞过程存在，那么起飞则为产品创新扩散从以内部影响推动为主到以外部影响推动为主的转变过程，起飞时候的时间点即为起飞时间，如图 4.2 所示。

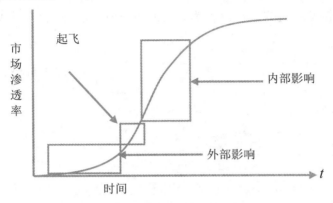

图 4.2　产品创新扩散的 S 形曲线

4.2.2　起飞时间计算公式

为了精确地研究产品创新扩散的起飞时间，本书借鉴学者 Tellis 等（2003）的"搜寻式方法"，通过测度产品创新扩散曲线中市场渗透率的增长率来计算产品创新的起飞时间，一个产品创新起飞的精确时间是这个产品创新的市场渗透率的增长率第一次超过起飞阈值的时间，其计算公式如下：

$$GR_t = (S_t - S_{t-1})/S_t \tag{4-1}$$

$$P_t = S_t/N \tag{4-2}$$

$$TH_t = (1 - P_t)^\gamma \tag{4-3}$$

其中，S_t 是在时刻 t 的累积采纳者数量，GR_t 是累积采纳者数量在时刻 t 的增长速率，P_t 为时刻 t 的市场渗透率，TH_t 为起飞阈值，参数 γ 用来控制起飞阈值的大小。图 4.3 展示了一个典型的 S 形扩散曲线的例子，这个曲线模仿的是一个规范压力非常强的时尚市场，其产品创新市场渗透率的增长速率第一次超过起飞阈值发生在 $P_t = 0.2404$ 左右（图 4.4），也就是在产品创新扩散的 32 个时间步左右，因此，其起飞时间为 32。此外，由于某些较小的绝对增长与高的相对增长很相似，为了避免将这些较小的绝对增长误作为产品创新扩散的起飞增长率，本书只考虑增长速率 $GR_t > 0.005$ 的情况。通过这样的设定，产品创新扩散的第一次和最后一次的增长速率点如果超过起飞阈值将不会被考虑。最后，参考学者 Tellis 等（2003）的设置，并基于大量的实际案例的分析，本书将产品创新扩散起飞阈值的参数设置为 $\gamma=10$，这样的设定适合几乎所有扩散曲线的起飞点。

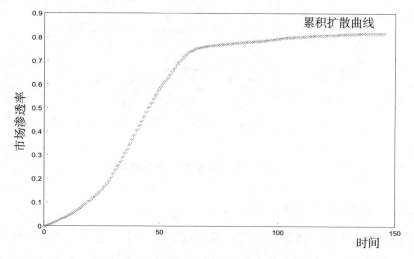

图 4.3　产品创新扩散的 S 形曲线

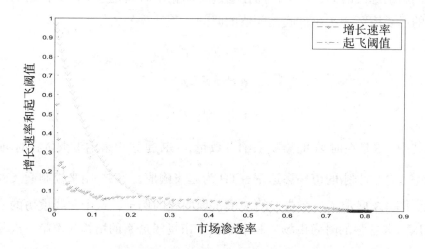

图 4.4　产品创新扩散的起飞时间

4.3　基于复杂网络的产品创新扩散的仿真流程

4.3.1　复杂网络结构设定

大量实证研究表明，现实社会网络具有小世界性，产品创新扩散网络作为社会网络的一种，也同样具有小世界特征，因此本章在分析促销活动与产品创新扩散的关系时，将随机生成的小世界网络作为产品创新扩散的网络结构，并假设生成的小世界网络结构在整个仿真过程中保持不变。本章将利用 NetLogo 软件来构建小世界网络模型，其中，本书将构造的小世界网络的节点数设定为 1000，即产品创新扩散网络中有 1000 个消费者，产品将在这 1000 个消费者之间进行扩散，同时假定消费者个体之间都相互连接，没有孤立节点。然后根据稀疏性原则，将小世界网络的平均度设置为 6，即每个消费者平均具有六个网络邻居，大量实证研究表明，现实社会网络的平均集聚系数在 0.4835 左右，因此，本书将网络重连概率 r 设置为 0.12，以使生成的小世界网络模型更加符合现实情况。最终生成的小世界网络模型的各项参数见表 4.1。

表 4.1　小世界网络的结构参数

节点数量	平均度	网络重连概率	平均集聚系数	平均路径长度
1000	6	0.12	0.4178	4.912

图 4.5 是生成的小世界网络结构示意图。

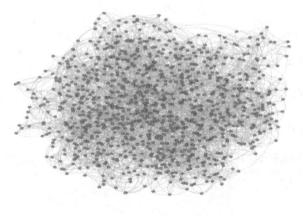

图 4.5　小世界网络结构示意图

4.3.2 阈值模型拓展

根据本章的仿真需求，对第3章构建的基于复杂网络的产品创新扩散的阈值模型进行相应的拓展，拓展后的模型如下。

4.3.2.1 产品信息获取 $IA_{i,t}$

本章的仿真分析主要包括两部分：第一部分是关于大众传媒推广活动、起飞时间与产品创新扩散之间的关系，此部分消费者信息获取的规则与前文一致；第二部分是目标市场选择策略、起飞时间与产品创新扩散之间的关系，在分析此部分时，除了第一部分的产品信息获取途径之外，消费者被选为种子顾客时也能获取产品的相关信息。

$$IA_{i,t} = \begin{cases} 1 & \text{获取产品信息(大众传媒、网络传递与种子顾客)} \\ 0 & \text{未获取产品信息} \end{cases} \qquad （4-4）$$

4.3.3.2 产品效用评价

基于公式（4-5）来计算消费者采纳产品创新后获得的产品效用，当产品的质量 q_j 大于等于个体 i 对产品创新的偏好阈值 $p_{i,j}$ 时，个体 i 将会形成对产品创新 j 的偏好效用，且效用值为1。否则，由于产品的质量 q_j 无法满足个体 i 的预期目标，个体 i 将不会形成对产品创新 j 的偏好，即产品创新本身无法给个体 i 带来任何效用，效用值为0。

$$\begin{aligned} q_j \geqslant p_{i,j} &\Rightarrow P_{i,j} = 1 \\ q_j < p_{i,j} &\Rightarrow P_{i,j} = 0 \end{aligned} \qquad （4-5）$$

4.3.2.3 规范压力评价

基于公式（4-6）来计算消费者所受到规范压力的大小，当个体 i 的局部网络邻居中已采纳产品创新的个体数量占总邻居数量的比例 $A_{i,t}$ 超过个体 i 的规范压力阈值 $n_{i,\text{thre}}$ 时，个体才会感受到规范压力，且规范压力的值为1。否则，如果个体 i 的局部网络邻居中已采纳产品创新的个体数量占总邻居数量的比例 $A_{i,t}$

未达到个体i的规范压力阈值$n_{i,\text{thre}}$时，个体不会感受到规范压力，此时的规范压力值为 0。

$$
\begin{aligned}
A_{i,t} &\geq n_{i,\text{thre}} \Rightarrow N_{i,t} = 1 \\
A_{i,t} &< n_{i,\text{thre}} \Rightarrow N_{i,t} = 0
\end{aligned}
\tag{4-6}
$$

4.3.2.4 总效用评价

消费者采纳产品创新的总效用函数由两部分效用构成：一是产品创新本身技术和性能给消费者带来的产品效用；二是消费者个体网络中已采纳产品创新的消费者带来的规范压力，如公式（4-7）。其中，α_i为规范压力的权重，用来衡量规范压力对于个体采纳行为影响的重要程度。

$$
U_{i,t} = \alpha_i N_{i,t} + \left(1 - \partial_i\right) P_{i,j}
\tag{4-7}
$$

4.3.2.5 产品采纳函数

当$U_{i,t} < U_{i,\text{thre}}$时，表示消费者$i$在$t$时刻采纳产品创新获得的总效用$U_{i,t}$小于消费者$i$的采纳阈值，因而消费者$i$不会在$t$时刻采纳产品创新。当$U_{i,t} \geq U_{i,\text{thre}}$时，表示消费者$i$在$t$时刻采纳产品创新获得的总效用$U_{i,t}$大于或等于消费者$i$的采纳阈值，那么消费者$i$将在$t$时刻采纳产品创新。当消费者$i$在$t$时刻未采纳产品创新时，设定$\text{AC}_{i,t} = 0$，而当消费者$i$在$t$时刻采纳了产品创新时，设定$\text{AC}_{i,t} = 1$。此外，当消费者被选为种子顾客时，其采纳状态也将从未采纳者变为采纳者。

$$
\text{AC}_{i,t} = \begin{cases} 1 & U_{i,t} \geq U_{i,\text{thre}} \text{ 或 "seeds"} \\ 0 & U_{i,t} < U_{i,\text{thre}} \end{cases}
\tag{4-8}
$$

4.3.3　仿真参数设置

基于本章的研究问题，设置相应的仿真参数，包括固定参数及各对照组参数两种，具体参数设置情况如下。

4.3.3.1 大众传媒推广活动、起飞时间与产品创新扩散仿真参数设置

本部分将分析大众传媒推广活动与起飞时间及产品创新扩散之间的关系，其中大众传媒推广活动按冲击模式的不同可以分为大众传媒的分散式冲击策略与集中式冲击策略两种，每种冲击策略基于冲击时间及冲击强度的不同又可以

分为多种策略类型，具体的参数设置如表 4.2 至表 4.4 所示。

表 4.2　大众传媒推广活动、起飞时间与产品创新扩散关系的固定仿真参数设置

变量名	参　数	参数值
产品质量	q_j	0.50419
产品偏好	$p_{i,j}$	$N \sim （0.5，0.01）$
规范权重	α_i	$N \sim （0.65，0.01）$
规范阈值	$n_{i,\text{thre}}$	$N \sim （0.3，0.01）$
采纳阈值	$U_{i,\text{thre}}$	$N \sim （0.5，0.01）$
网络重连概率	r	0.12
主体数量	Agent – number	1000
运行步数	Run – times	500

表 4.3　基于分散式冲击策略的各对照组仿真参数设置

模　型	大众传媒影响时间	大众传媒影响强度	大众传媒影响模式	大众传媒基本影响系数
Model 0	$t_0 \sim t_{500}$	0.0030	初始状态	0.003
Model 1	$t_0 \sim t_9$	0.0927	前期分散式强冲击	0.003
Model 2	$t_0 \sim t_9$	0.0177	前期分散式弱冲击	0.003
Model 3	$t_{40} \sim t_{49}$	0.0927	后期分散式强冲击	0.003
Model 4	$t_{40} \sim t_{49}$	0.0177	后期分散式弱冲击	0.003

表 4.4　基于集中式冲击策略的各对照组仿真参数设置

冲击策略	时　间	强　度	冲击策略	时　间	强　度
前期集中式强冲击	t_0	0.9	前期集中式弱冲击	t_0	0.15
	t_1	0.9		t_1	0.15
	t_2	0.9		t_2	0.15
	t_3	0.9		t_3	0.15
	t_4	0.9		t_4	0.15
	t_5	0.9		t_5	0.15
	t_6	0.9		t_6	0.15
	t_7	0.9		t_7	0.15
	t_8	0.9		t_8	0.15
	t_9	0.9		t_9	0.15
后期集中式弱冲击	t_{40}	0.15	后期集中式强冲击	t_{40}	0.9
	t_{41}	0.15		t_{41}	0.9
	t_{42}	0.15		t_{42}	0.9
	t_{43}	0.15		t_{43}	0.9
	t_{44}	0.15		t_{44}	0.9
	t_{45}	0.15		t_{45}	0.9
	t_{46}	0.15		t_{46}	0.9
	t_{47}	0.15		t_{47}	0.9
	t_{48}	0.15		t_{48}	0.9
	t_{49}	0.15		t_{49}	0.9

4.3.3.2 目标市场选择策略、起飞时间与产品创新扩散仿真参数设置

本部分将分析三种目标市场选择策略与起飞之间及创新扩散之间的关系，这三种目标市场选择策略分别为随机选取策略、度值优先策略及集聚优先策略，并分别在种子顾客数为 5，10，15，20，25，30，35，40，50，60，70，80，90 及 100 等多种情景下进行仿真分析，以探寻三者之间的动态变化关系，

模型的核心参数设置如表 4.5、表 4.6 所示。

表 4.5　目标市场选择策略、起飞时间与产品创新扩散关系的固定仿真参数设置

变量名	参　数	参数值
产品质量	q_j	0.50419
产品偏好	$p_{i,j}$	$N\sim(0.5,\ 0.01)$
规范权重	α_i	$N\sim(0.65,\ 0.01)$
规范阈值	$n_{i,\text{thre}}$	$N\sim(0.3,\ 0.01)$
采纳阈值	$U_{i,\text{thre}}$	$N\sim(0.5,\ 0.01)$
网络重连概率	r	0.12
大众传媒影响强度	Mass－media	0.003
主体数量	Agent－number	1000
运行步数	Run－times	500

表 4.6　目标市场选择策略、起飞时间与产品创新扩散关系的各对照组仿真参数设置

模　型	策略类型	种子顾客数量
Model 1	随机选取	5，10，15，20，25，30，35，40，50，60，70，80，90 及 100
Model 2	度值优先	5，10，15，20，25，30，35，40，50，60，70，80，90 及 100
Model 3	集聚优先	5，10，15，20，25，30，35，40，50，60，70，80，90 及 100

4.3.4　多智能体仿真分析

基于本章仿真分析的两个问题，运用多智能体仿真方法进行仿真分析。多智能体仿真分析的步骤如下。

（1）系统初始化。创建仿真主体 Turtles（消费者），初始化所有主体的状态为"未采纳者"，赋予主体相关属性，包括采纳阈值属性$N\sim(0.5,0.1^2)$、

产品偏好属性 $N{\sim}\left(0.5,\ 0.1^2\right)$、规范阈值属性 $N{\sim}\left(0.3,\ 0.1^2\right)$ 及权重属性 $N{\sim}\left(0.65,\ 0.1^2\right)$ 等。

（2）参数设置。针对本章要研究的两个问题"大众传媒推广、起飞时间与创新扩散"及"目标市场选择策略、起飞时间与创新扩散"设计相应的仿真情景组，并设置各仿真情景组下的各项参数。本部分需要调节的仿真参数主要有大众传媒的推广时机参数、大众传媒的推广强度参数、种子消费者选取的数量参数以及种子消费者选取的属性参数四种。

（3）系统启动。与上一章不同的是，本章在分析大众传媒推广活动、起飞时间与产品创新扩散的影响关系时，仿真模型主要通过大众传媒的信息传递效应来启动，而在分析目标市场选择策略、起飞时间与产品创新扩散的影响机理时，仿真模型则同时由大众传媒的信息传递效应与选取"种子"消费者两种方式共同启动。

（4）个体状态更新。当系统启动运行后，每个时间步内所有主体会基于阈值函数对采纳产品创新获得的预期效用进行一次评价，包括"产品质量效用"与"规范效用"，当个体采纳产品创新的预期总效用大于等于其采纳阈值时，个体的状态则会更新为"采纳者"，否则个体的状态仍为"未采纳者"。当所有的主体进行完效用评价并更新完自身的采纳状态后，本次时间步的运行结束，系统开始进入下一个时间步的运行，所有主体重新对采纳产品创新的预期效用进行评价，并根据阈值机制更新自己的状态，如此循环往复。

（5）系统停止。当产品创新的信息传递遍及所有的主体，并且所有主体的采纳状态不再改变，则扩散终止，系统停止运行，否则系统将重复第四步的运行规则，直到系统扩散结束。

具体步骤如图 4.6 所示。

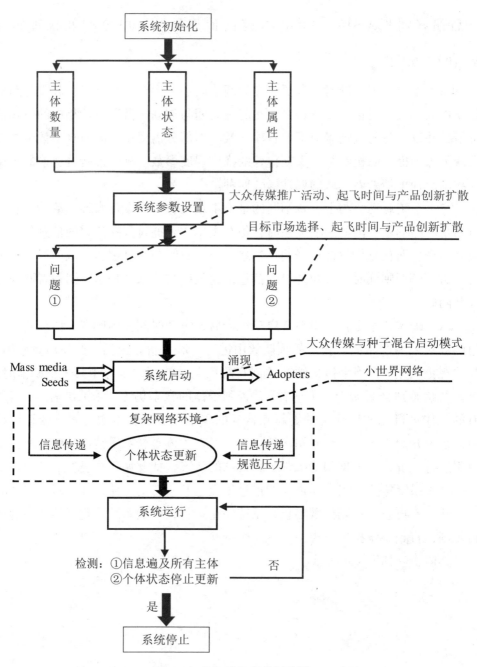

图 4.6　多智能仿真分析步骤

4.4　基于复杂网络的产品创新扩散的仿真结果

4.4.1　大众传媒推广活动、起飞时间与产品创新扩散

基于前文设置的参数，利用 NetLogo 软件对模型进行仿真分析，每种参数条件下的模型进行 100 次仿真，将其均值作为最终的仿真结果，以最大限度地消除随机性对仿真结果的影响，仿真结果如表 4.7 至表 4.9 所示。

表 4.7　基于分散式冲击策略的仿真结果

冲击策略	起飞时间	扩散速度	扩散深度
前期分散式强冲击	19	0.01152	0.7788
前期分散式弱冲击	105	0.00500	0.8008
后期分散式强冲击	56	0.00927	0.8834
后期分散式弱冲击	96	0.00611	0.8176

表 4.8　基于前期集中式冲击策略的仿真结果

冲击策略	冲击时间	起飞时间	扩散速度	扩散深度
前期集中式强冲击	t_0	4.00000	0.02333	0.85735
	t_1	2.00000	0.02845	0.73445
	t_2	3.00000	0.01947	0.85920
	t_3	4.00000	0.02297	0.87295
	t_4	5.00000	0.02119	0.84823
	t_5	6.00000	0.01923	0.84775
	t_6	7.00000	0.01892	0.87265
	t_7	8.00000	0.01909	0.81220
	t_8	9.00000	0.02026	0.84529
	t_9	10.00000	0.01796	0.86650

续　表

冲击策略	冲击时间	起飞时间	扩散速度	扩散深度
前期集中式弱冲击	t_1	137.00000	0.00423	0.78500
	t_2	2.00000	0.00397	0.74140
	t_3	3.00000	0.00369	0.83210
	t_4	4.00000	0.00479	0.79065
	t_5	5.00000	0.00499	0.78255
	t_6	140.00000	0.00442	0.76860
	t_7	189.00000	0.00360	0.78220
	t_8	164.00000	0.00366	0.75750
	t_9	150.00000	0.00366	0.74970
	t_{49}	170.00000	0.00368	0.80265

表 4.9　后期集中式冲击策略仿真结果

	冲击时间	起飞时间	扩散速度	扩散深度
后期集中式强冲击	t_{40}	41.00000	0.01232	0.81490
	t_{41}	42.00000	0.01190	0.86265
	t_{42}	43.00000	0.01162	0.84385
	t_{43}	44.00000	0.01125	0.85505
	t_{44}	45.00000	0.01216	0.79275
	t_{45}	46.00000	0.01122	0.86305
	t_{46}	47.00000	0.01139	0.82785
	t_{47}	48.00000	0.01115	0.85000
	t_{48}	49.00000	0.01121	0.81245
	t_{49}	50.00000	0.01134	0.84720

续　表

	冲击时间	起飞时间	扩散速度	扩散深度
后期集中式弱冲击	t_{40}	128.00000	0.00488	0.87410
	t_{41}	161.00000	0.00419	0.69090
	t_{42}	152.00000	0.00433	0.83390
	t_{43}	152.00000	0.00387	0.80375
	t_{44}	156.00000	0.00403	0.78545
	t_{45}	129.00000	0.00466	0.82545
	t_{46}	225.00000	0.00402	0.66365
	t_{47}	170.00000	0.00414	0.80204
	t_{48}	162.00000	0.00418	0.78380
	t_{49}	154.00000	0.00451	0.78835

从分散式冲击策略与集中式冲击策略两个方面对仿真数据进行整理、作图和分析，具体内容如下。

4.4.1.1 分散式冲击策略、起飞时间与产品创新扩散

从图4.7中可以看出，如果不实施大众传媒的推广策略（对应图中的初始状态），产品创新的起飞时间最晚，约在200个时间步的时候起飞。如果实施大众传媒的分散式强冲击推广策略，则在前期进行强冲击策略要比后期进行强冲击策略的起飞时间要早，而如果进行大众传媒分散式弱冲击推广策略，则后期进行弱冲击策略比前期进行弱冲击策略的起飞时间要早一些。此外，无论是在前期还是在后期，强冲击策略的起飞时间都比弱冲击策略的起飞时间要早。

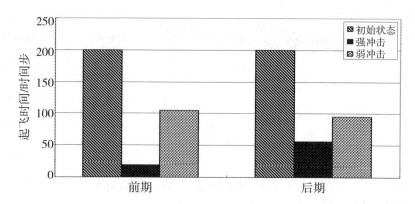

图 4.7　基于分散式冲击策略的产品创新扩散的起飞时间仿真绘图

从产品创新扩散的速度来看，不进行大众传媒推广活动的产品创新的扩散速度最慢，约为 0.003。在前期进行大众传媒分散式强冲击的产品创新扩散速度要快于后期进行大众传媒分散式强冲击的产品创新扩散速度，而弱冲击正好相反，在后期进行分散式弱冲击要比前期进行分散式弱冲击的扩散速度要快一些。此外，无论在前期还是在后期，强冲击策略都比弱冲击策略更能加快产品创新的扩散速度。这与各类冲击策略与起飞时间的关系的仿真结果一致，说明起飞时间与新产品扩散速度之间有着一定的内在联系，即起飞时间越早，新产品的扩散速度往往越快。

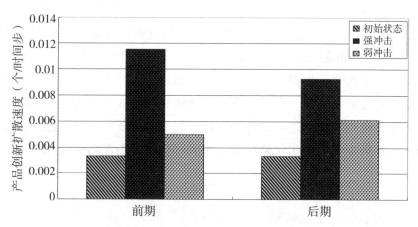

图 4.8　产品创新扩散的速度仿真绘图

以上分析了分散式冲击策略与起飞时间及产品创新扩散速度之间的关系，下面我们再来观察分散式冲击策略与产品创新扩散深度之间的关系。从图 4.9

中可知，不进行大众传媒推广活动的产品创新扩散深度最低，其市场渗透率约在 0.74 左右。而后期分散式强冲击策略条件下产品创新扩散的深度最高，其市场渗透率达到 0.88 左右，说明在后期对产品创新的扩散进行分散式强冲击策略能最大限度地促进产品创新的扩散。此外，后期进行分散式弱冲击策略的产品创新扩散深度也要优于前期的分散式弱冲击策略，说明在产品创新扩散的初期就进行大量的大众传媒的推广活动，是不明智的，也不是最优的，而应该选择在产品创新扩散一段时间后，再积极实施高强度的大众传媒促销活动，才能最有利于新产品的扩散。

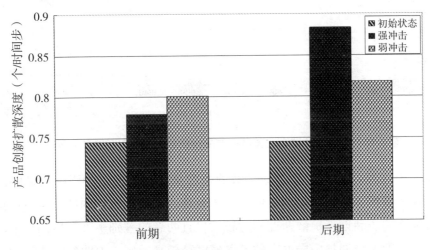

图 4.9　基于分散式冲击策略的产品创新扩散深度的仿真绘图

4.4.1.2 集中式冲击策略、起飞时间与产品创新扩散

从图 4.10 中可以看出，无论是前期集中强冲击、前期集中弱冲击还是后期集中强冲击和后期集中弱冲击策略，与无冲击策略相比都能加快产品创新扩散的起飞时间。其中，前期集中强冲击策略的起飞时间最快，其次是后期集中强冲击策略，而前期集中弱冲击与后期集中弱冲击策略的起飞时间相对较晚，且前期集中弱冲击策略的起飞时间相对于后期集中弱冲击的起飞时间要早一些。同时，从图 4.10 中可以看出，随着集中式冲击时点的变化，产品创新扩散的起飞时间没有明显的变动趋势，尤其是强冲击策略，随着冲击时点的变化，其起飞时间的变动趋势近似一条直线，而弱冲击策略的起飞时间随着冲击时点的变化，其变动的幅度相对大一些，但仍然维持在一个较小的变动区间内，没有明显的变动趋势。

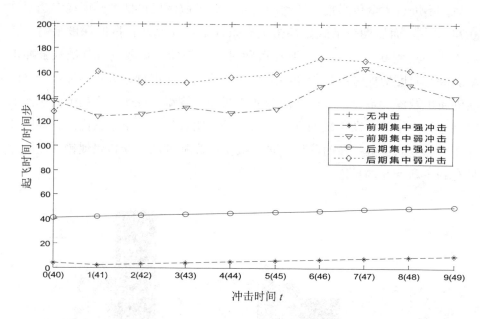

图 4.10　基于集中式冲击策略的产品创新扩散起飞时间的仿真绘图

　　如图 4.11 所示，从产品创新扩散的速度来看，前期集中强冲击策略的整体扩散速度最快，其次是后期集中强冲击策略，而前期集中弱冲击与后期集中弱冲击策略的产品创新扩散速度相对较低，且两者的差别不大，后期集中弱冲击的扩散速度比前期集中弱冲击的扩散速度稍微高一些，说明集中式强冲击策略整体来说在促进产品创新扩散速度方面比集中式弱冲击策略要好得多，且在强冲击策略中，前期强冲击策略比后期强冲击策略更能提高产品创新的扩散速度，而在弱冲击策略中，反而后期弱冲击策略要略微优于前期弱冲击策略。同样地，集中式冲击策略的冲击时刻的变动对于产品创新扩散速度变化的影响不大，四种冲击策略条件下的产品创新扩散速度随着冲击时刻的变化而变动的幅度都维持在一个较小的变动区间内。

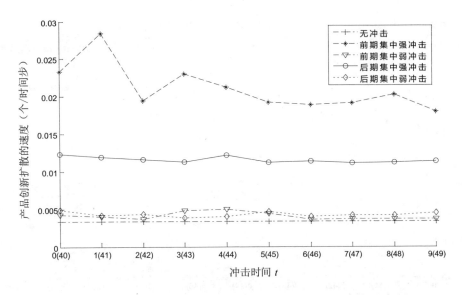

图 4.11　基于集中式冲击策略的产品创新扩散速度的仿真绘图

　　最后，我们来观察四种集中式冲击策略条件下产品创新扩散深度的变化。从图 4.12 中可以看出，四种集中式冲击策略下产品创新的扩散深度随冲击时间变化的变动趋势呈现出比较清晰的差异性。其中，不进行大众传媒推广活动的无冲击策略的产品创新扩散深度最低，而前期集中强冲击策略的产品创新扩散深度最高，说明大众传媒的推广活动不仅能够提高产品创新扩散的速度，同样能提高产品创新扩散的深度，且前期集中强冲击策略最有利于产品创新的扩散，其次是后期集中强冲击策略，再次是前期集中弱冲击策略与后期集中弱冲击策略。同时，从图 4.12 中可以看出，在强冲击策略中，前期强冲击策略要优于后期强冲击策略，而在弱冲击策略中，后期弱冲击策略反而要优于前期弱冲击策略，且无论冲击时点如何变化，四种冲击策略条件下的产品创新扩散深度的变动幅度都较小，变动幅度基本维持在 0.01 ～ 0.05 的区间内，说明集中式冲击策略时点的变化对于产品创新扩散深度没有明显的影响。

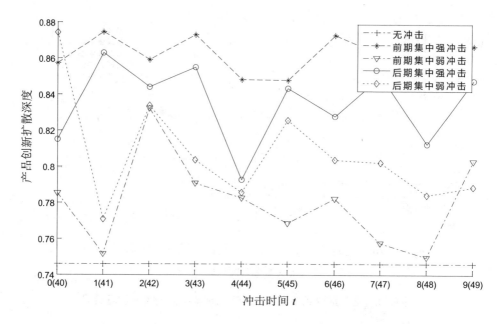

图 4.12　基于集中式冲击策略的产品创新扩散深度的仿真绘图

4.4.2　目标市场选择策略、起飞时间与产品创新扩散

基于前文设置的参数，利用 NetLogo 软件对模型进行仿真分析，每种参数条件下的模型进行 100 次仿真，将其均值作为最终的仿真结果，以最大限度地消除随机性对仿真结果的影响，仿真结果如表 4.10 至 4.12 所示。

表 4.10　基于随机选取策略的仿真结果

种子顾客数量	起飞时间	扩散速度	扩散深度
seeds=5	0	0.005521	0.04700
seeds=10	0	0.006344	0.07065
seeds=15	0	0.008714	0.10650
seeds=20	0	0.008144	0.20005
seeds=25	0	0.006963	0.26610
seeds=30	0	0.016905	0.23700
seeds=35	0	0.013244	0.39215

种子顾客数量	起飞时间	扩散速度	扩散深度
seeds=40	48	0.012662	0.57345
seeds=50	10	0.016416	0.74600
seeds=60	3	0.024333	0.80685
seeds=70	2	0.032888	0.82820
seeds=80	2	0.039767	0.83490
seeds=90	2	0.053878	0.86680
seeds=100	2	0.053917	0.87345

表 4.11　基于度值优先策略的仿真结果

种子顾客数量	起飞时间	扩散速度	扩散深度
seeds=5	2	0.005621	0.05940
seeds=10	2	0.006939	0.08605
seeds=15	2	0.008721	0.15950
seeds=20	2	0.008495	0.18570
seeds=25	2	0.013537	0.38550
seeds=30	2	0.010249	0.46890
seeds=35	27	0.014278	0.56185
seeds=40	11	0.017746	0.59695
seeds=50	2	0.025459	0.76895
seeds=60	2	0.033816	0.79715
seeds=70	2	0.042313	0.81695
seeds=80	2	0.058267	0.83270
seeds=90	2	0.061828	0.85560
seeds=100	2	0.073742	0.87000

表 4.12 基于集聚优先策略的仿真结果

种子顾客数量	起飞时间	扩散速度	扩散深度
seeds=5	2	0.005612	0.05125
seeds=10	2	0.006793	0.06640
seeds=15	2	0.007648	0.10040
seeds=20	2	0.011356	0.15890
seeds=25	2	0.009686	0.22115
seeds=30	2	0.014793	0.28520
seeds=35	2	0.013911	0.45685
seeds=40	37	0.013108	0.55145
seeds=50	6	0.014676	0.70070
seeds=60	2	0.024109	0.73515
seeds=70	2	0.028896	0.78545
seeds=80	2	0.034926	0.81365
seeds=90	2	0.039991	0.83850
seeds=100	2	0.049028	0.83900

从起飞时间、产品创新扩散速度与产品创新扩散深度三个方面对仿真数据进行整理、作图和分析，具体内容如下。

4.4.2.1 起飞时间及起飞渗透率

从图 4.13 可以看出，当种子顾客数量较低时，即在 seeds≤30 时，三种目标市场选择策略都不存在起飞时间，而当 seeds≥30 时，度值优先策略最先出现起飞时间，其次是随机选取策略与集聚优先策略，并且随着种子顾客数量的逐渐增加，三种目标市场选择策略的起飞时间都呈现出逐渐下降的趋势，并最终收敛于起飞时间的极值 2。对比三种目标市场策略的平均起飞时间，可知度值优先策略的平均起飞时间＜集聚优先策略的平均起飞时间＜随机选取策略的平均起飞时间，即在其他条件不变的情况下，度值优先策略的起飞时间最快，其次是集聚优先策略，最慢的是随机选取策略。

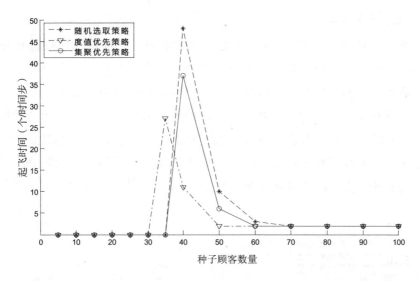

图 4.13　目标市场选择策略与产品创新扩散起飞时间关系的仿真绘图

从图 4.14 可知，随着种子顾客数量的逐渐增加，三种目标市场选择策略起飞时的市场渗透率都呈现出相似的变动趋势，即先逐渐上升然后下降再逐渐上升。其中，三种目标市场选择策略起飞时间的极值点与其起飞时市场渗透率的极值点相一致，说明产品创新扩散的起飞时间与起飞时的市场渗透率之间存在内在的联系。

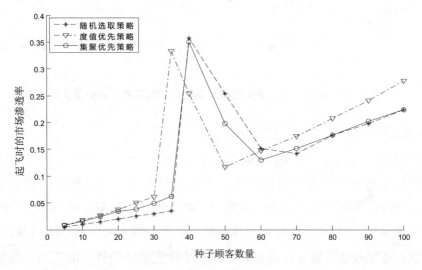

图 4.14　目标市场选择策略与产品创新扩散起飞市场渗透率关系的仿真绘图

4.4.2.2 产品创新扩散速度

从图 4.15 中可知，随着种子顾客数量的增加，三种目标市场选择策略条件下的产品创新扩散速度都呈现出逐渐提高的趋势，并且在同等条件下，度值优先策略的产品创新扩散速度最快，其次是随机选取策略，最慢的是集聚优先策略。这种差异性随着种子顾客数量的增加变得愈加清晰。这说明选择度值大的节点作为种子顾客最有利于提高产品创新的扩散速度，选择集聚系数大的节点作为种子顾客最不利于提高产品创新的扩散速度，而随机选取策略介于两者之间，这也进一步从侧面证实了复杂网络中的"小团体"结构不利于产品创新的扩散。

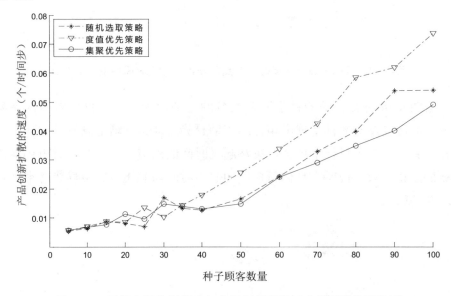

图 4.15　目标市场选择策略与产品创新扩散速度关系的仿真绘图

4.4.2.3 产品创新扩散深度

从图 4.16 可以看出，随着种子顾客数量的增加，三种目标市场策略条件下的产品创新扩散深度呈现出经典的 S 形扩散曲线，即在种子顾客数量较少时产品创新扩散深度的增长速度较缓慢，随着种子顾客数量的增加，产品创新扩散深度的增长速度逐渐加快，并在种子顾客数量seeds = 40时达到极致，随后其增长速度逐渐降低。在此过程中，度值优先策略条件下的产品创新扩散深度始终高于集聚优先策略，而随机选取策略条件下的产品创新扩散深度的波动幅度较大，当0≤seeds≤25以及40≤seeds时，随机选取策略条件下的产品创新扩散深度大于集聚优先策略。而当25 < seeds < 40时随机选取策略条件下的产品创新扩散深度小于集聚优先策略，之所以呈现出这样的变动趋势，与随机选取策略的高随机性有一定关系，但从整体的趋势来看，随机选取策略条件下的产品创新扩散的平均深度介于度值优先策略与集聚优先策略之间，比度值优先策略小，比集聚优先策略大。

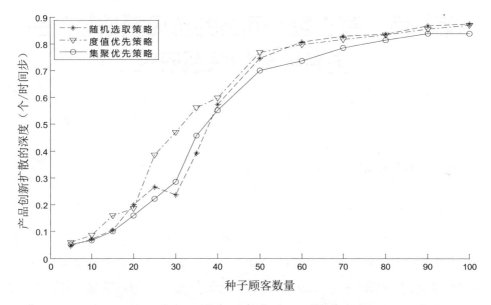

图 4.16　目标市场选择策略与产品创新扩散深度关系的仿真绘图

4.5　本章小结

本章首先分析了促销活动的两种类型，即大众传媒的推广活动以及目标市场的选择策略，然后选择起飞时间作为促销活动与产品创新扩散关系研究的中介变量，对起飞时间的概念及计算公式进行了研究，在此基础上，基于小世界网络仿真环境，运用多智能体仿真方法，在对阈值模型进行拓展的基础上，从大众传媒推广活动与目标市场选择策略两个维度分析了促销活动与产品创新扩散之间的关系，并从起飞时间、产品创新扩散速度与产品创新扩散深度三个角度对仿真结果进行了分析，揭示了促销活动与产品创新扩散之间的影响规律以及起飞时间在其中的作用。

第 5 章　基于复杂网络的意见领袖与产品创新扩散的关系研究

5.1　意见领袖

5.1.1　意见领袖的概念

意见领袖的概念最早出现于传播学研究领域中的两级传播理论，该理论由 Lazarsfeld（1944）在《人民的选择》一书中提出，目的在于解释创新的扩散过程及规律，在该书中，Lazarsfeld 将意见领袖定义为在观念、技术及产品的扩散中能够影响其他人态度的一类特殊人群。从此，关于意见领袖的研究工作逐渐展开，到目前为止，学者们对于意见领袖概念的阐述主要基于"传统环境"与"网络环境"两种视角，具体内容如下。

5.1.1.1 基于传统视角的意见领袖概念

意见领袖的概念源于传播理论，因此，早期的学者大多从传统的传播视角对意见领袖的概念进行界定。例如，Arndt（1967）认为意见领袖是指在人际关系网络中能够有效整合产品创新及大众传媒信息，并将这些整合后的信息再传播给其他人的人。Rogers（2003）将意见领袖定义为：在创新的传播过程中，对其他潜在采纳者的决策过程可以施加不同程度影响的个人，潜在采纳者可以通过这类特殊的人群探寻创新采纳的相关信息和意见。Shoham 和 Ruvio（2008）则提出了更加泛化的意见领袖的信任模型，认为所谓的意见领袖及其追随者之间是一种相互复制与推广的信任关系。由此可见，从传统的传播视角来看，意见领袖主要是指对传播效率具有显著影响的，具有较强的信息整合能力，并能通过与追随者之间的信任关系将信息在人群中进行有效传播的一类特殊人群。

5.1.1.2 基于网络视角的意见领袖概念

互联网技术的发展为意见领袖提供了新的平台，越来越多的人借助贴吧、论坛以及微博等媒介来发表自己对社会、经济、政治及军事等问题的看法，这些人群中的部分活跃分子，凭借自己独特的领悟能力以及对信息的高效整合能力，积极地在网络人群中传播信息和观点，影响舆论的走向。与传统环境下的意见领袖相比，网络环境下的意见领袖不仅仅能影响与自身具有直接社交关系的现实世界的人群，而且能借助网络平台无限制地影响各类与自身没有直接联系的网络用户。此外，网络环境下的意见领袖对观点和信息的传播渠道、传播方式以及传播动机等也都呈现出多样性的发展趋势。基于此，我们将这种由于网络环境的改变而在各行各业涌现出的具有较高威信，能够引导舆论走向，并且与传统环境相比在信息传播方式、渠道及动机方面具有明显的网络环境特征的活跃者称为网络意见领袖。

5.1.2　意见领袖的特征

现有文献已经从社会地位、个体特征以及影响媒介等方面对意见领袖的特征进行了挖掘，如 Chan 和 Misra（1990）将意见领袖的特征归纳为高参与度、产品的专业知识以及风险偏好等几个方面。Weimann（1994）认为意见领袖的特征主要包括三大类，即个体属性、社交属性以及人口统计属性。Rogers（2003）则认为意见领袖具有高媒体曝光率、高参与性、高的社会地位、高创新性、低的规范敏感性、广泛的社交关系、高的专业知识七个方面的特征。由此可见，不同的研究目的与研究视角对于意见领袖特征的划分也不一样。对已有的文献进行归纳，并结合相关的案例分析，如学者 Peter S.van Eck 等（2011）对免费儿童网页游戏扩散的实证分析等，本书认为意见领袖的特征主要包括强的创新性、强的产品信息整合能力、低的规范压力敏感性以及广泛的媒介使用渠道，具体内容如下。

5.1.2.1 意见领袖具有强的创新性

社会系统中的个体成员并不会同时采纳一项产品创新，而是呈现出时间上的先后顺序，较早采纳产品创新的个体的创新性要强于较晚采纳产品创新的个体。基于采纳者这种创新性程度方面的异质性特征以及正态分布的假设，

Rogers（2003）依据创新扩散曲线，对采纳个体进行了分类，将采纳者分为创新者、早期采纳者、早期大多数、后期大多数以及落后者五类，并对每一类采纳者在扩散曲线中的分布区间进行了界定（图5.1）。其中，"创新者"占采纳者总数的2.5%，分布区间为$\bar{\mu}-2\sigma$左边部分；"早期采纳者"占采纳者总数的13.5%，分布区间为$\bar{\mu}-\delta \sim \bar{\mu}-2\delta$；"早期大多数"占采纳者总数的34%，分布区间为$\bar{\mu} \sim \bar{\mu}-\delta$；"后期大多数"占采纳者总数的34%，分布区间为$\bar{\mu} \sim \bar{\mu}+\delta$；"落后者"占采纳者总数的16%，分布区间为$\bar{\mu}+\delta$的右边部分。而且，采纳行为发生得越早，采纳者的创新性越强。

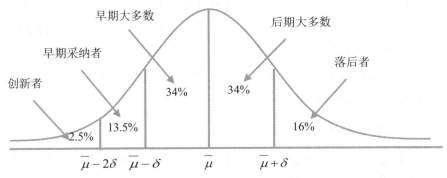

图5.1　产品创新扩散的采纳者类型

大量的实证研究经验表明，意见领袖往往知道更多的晚期采纳者，这说明意见领袖在采纳个体的异质性分类中更偏向于早期采纳者群体，其创新性要比追随者更强。Peter S.van Eck、Wander Jager等学者在2011年对免费儿童网页游戏扩散调查过程中也发现，意见领袖群体对网页游戏有着更高的参与性，一旦从广告媒体或朋友那里获知某种游戏的相关信息，便会非常积极地参与到游戏中来，表现出非常强的探索性及创新性行为。不仅如此，对于其他类别的游戏产品，意见领袖群体也表现出比追随者更高的参与性，这说明意见领袖不仅仅会表现出对单类产品创新积极的采纳行为，而且对其他类别的产品创新也会表现出高的参与性，具有产品类别的创新性特征。

5.1.2.2 意见领袖具有强的产品信息整合能力

意见领袖对于产品创新的出现往往会表现出强烈的兴趣，从而会积极地搜寻产品创新的相关信息，积极地参与产品创新的讨论和使用，在此过程中意见领袖积累了大量的关于产品创新的专业知识，这种高的产品涉入度以及专业的产品知识会使意见领袖在产品信息整合方面拥有比追随者更强的能力，能够更好地解释和利用产品创新信息。在产品创新的扩散过程中，意见领袖通过他们强的产品信息整合能力，将所获取的有限的产品信息进行整合和加工，产出关于产品创新的功能、效率以及优点等关键特征的专业理解，并将这些专业的理解传递给其他消费者，影响其他消费者的采纳行为，推动产品创新扩散的整个进程。

5.1.2.3 意见领袖具有低的规范压力敏感性

在社交网络中主要存在两种类型的人际影响，即信息传递影响及规范压力影响。其中，信息传递影响指的是产品信息在消费者之间进行传播，从而影响消费者对于产品的购买意愿和购买行为。而规范压力影响指的是在消费者的个体网络中，消费者为了与其他消费者的观念和行为保持一致而受到的决策压力。意见领袖与追随者在信息传递影响方面没有明显的差异性，信息传递对于意见领袖和追随者采纳行为的影响都非常低，而在规范压力影响方面，意见领袖相对于追随者来说受到的影响更低一些。

根据学者 Peter S. van Eck 等（2011）对免费儿童网页游戏扩散进行的实证分析结果，意见领袖受到规范压力影响的系数为 0.51，而追随者受到规范压力影响的系数为 0.6。究其原因，在于意见领袖无论在产品的专业性程度还是在信息获取渠道方面，都要强于追随者，因此在产品的采纳决策过程中，意见领袖会更倾向于通过自己掌握的产品信息和对产品的独特的理解来决定自己的采纳行为，受到其他消费者采纳行为的影响较低，而追随者由于在产品信息获取和产品专业性程度方面相对于意见领袖来说都较弱，因此更倾向于通过观察其他人的判断来决定自己的采纳行为，受到的规范压力更大一些。

5.1.2.4 意见领袖具有广泛的媒介使用渠道

在获取产品信息方面，意见领袖相对于追随者来说具有更广泛的信息获取渠道，主要体现在人际交流渠道和大众传媒渠道两个方面：①人际交流渠道。在 Peter S.van Eck、Wander Jager 等 2011 年对免费儿童网页游戏扩散的实证分析中发现，22.5% 的意见领袖通过人际交流网络来获取产品创新的信息，而通过人际交流网络来获取产品创新信息的追随者比例只有 6.3%。这说明意见领袖相对于追随者来说掌握着更多的社会资源，更擅长通过人际交流网络来搜寻和获取产品创新的信息，具有更广泛的人际传播渠道。②大众传媒渠道。在创新扩散的过程中，意见领袖出于自身兴趣以及维持自身社会地位等目的，往往会更加重视与大众传媒的联系，并会积极地搜寻和探索多样性的大众传媒类型，在此过程中，意见领袖逐渐掌握比追随者更多的大众传媒渠道来获取产品创新的相关信息。意见领袖的角色就像一条林荫大道，使新的观念和产品信息顺着这个渠道从大众传媒源源不断地流向扩散系统，引导舆论的走向。

5.1.3 意见领袖的识别方法

影响创新扩散的因素有很多，并且意见领袖具有将产品创新更好、更快地传播到更为广泛范围的特性，所以企业为了降低产品创新扩散的风险，提高扩散的效果，对将意见领袖从众多消费者中区分出来的方法尤为重视。由此，国内外众多学者对识别意见领袖都提出了自己的观点，同时意见领袖的识别方法对产品创新的传播具有里程碑式的意义。目前，意见领袖的识别主要有两种方法：第一是对现实中的舆论领袖的识别，即传统意见领袖的识别方法；第二是网络意见领袖的识别方法。

5.1.3.1 传统意见领袖的识别方法

（1）特征识别法。在以往的调查研究中，不同的学者对意见领袖的特征都有其自己不同的看法，特征识别法就是将这些不同的特征进行归纳总结，出现概率高的特征，就作为意见领袖识别的主要特征与标准。然而，这种方法的不足方面是显著的特征数量较少，即学者们共同认可的特征数量少，这就增加了对意见领袖判断错误的概率，所以这种方法的应用并不是很广泛。

（2）调查量表法。调查量表法是指利用量表的形式对意见领袖进行识别。最早的调查量表是 Rogers 在 1962 年开发的，该调查量表主要包含了信息提供量、提供频率、被他人询问的频率、在意见交流中的地位等七个方面，通过测试被调查者在信息传播过程中的地位与作用来确定其是否是意见领袖。而在早期被广泛应用的调查量表是 King 和 Summers 在 1970 年提出的，该调查量表是用于衡量一般意见领袖的方法，测量的内容是亲友在产品创新传播中的影响力。Goldsmith 和 Flynn（2003）在总结前人的基础上，充分考虑其他学者模型的局限性，开发出衡量某一具体产品和服务意见领袖的调查量表。常见的调查量表法有名人法、自我选择法、自我认定法、员工选择法、基于评价法、专家识别法、滚雪球法、社会计量样本法、社会计量学法等。

5.1.3.2 网络意见领袖的识别方法

由于网络环境和实际生活环境具有十分大的差异性，所以运用传统的方法对网络意见领袖进行评估也会出现比较大的问题，因此，学者们展开了针对网络意见领袖的广泛并且深入的研究。但是，目前广大学者并没有对网络意见领袖的定义达成共识，并且对网络意见领袖的标准也没有一个具体的水平，所以对于网络意见领袖的研究仍处于一个相对混乱的局面。下面将对各个学者对网络意见领袖识别方法的研究做一个简单的介绍。

（1）利用影响力扩散模型的识别方法识别意见领袖。影响力扩散模型的识别方法是通过运用数据挖掘技术，从不同方面对用户的活跃度进行测量，将影响力最高的人定为意见领袖。最早利用影响力扩散模型是在串内容和论坛用户交往网络两个方面进行活跃度的测量，并简单地将活跃分子定为意见领袖。然而在活跃分子中并不是所有人的认同度都是很高的，因此余红（2008）从"论坛声望"的角度测量活跃分子并进行聚类分析，从而选出意见领袖。

（2）运用 PageRank 思想的识别方法识别意见领袖。PageRank 是针对搜索引擎中记录网页间超链接排名的一种技术。有学者以 PageRank 思想为基础，面对大量的评论信息，利用 InflunenceRank 算法将意见领袖选出来。随着研究的深入，仅仅考虑用户间的回复数量等关系的弊端逐渐显现，大大降低了对意见领袖识别的准确性，宁连举等（2013）在构建有向网络的基础上，充分考虑不同用户间回复影响力相差较大的这一因素，综合已有研究，提出更为精确的意见领袖识别算法。

（3）运用社会网络分析的识别方法识别意见领袖。社会网络分析法是基于用户社会关系的一种定量分析方法，能够用于测量行动者个体以及他们所处社会网络成员之间错综复杂的关系和连接，其主要方式是通过记录网络中所有成员传递的信息，并通过对这些信息进行归纳统计，并利用 UCINET 等软件对成员间的关系进行数字化的评估，从而得到意见领袖。

5.2　意见领袖与产品创新扩散关系的调节变量选择及分析

在口碑效应形成的过程中，一些特殊类型的消费者对于产品创新扩散的推动作用尤其明显，这类消费者被称为意见领袖。意见领袖代表着创新行为和市场知识的结合，他们的中心性位置、人际影响以及创新性等特征，在产品创新扩散过程中发挥着非常关键的作用。而在不同的市场环境中，意见领袖的采纳行为也表现出显著的差异性，这种差异性最终会影响产品创新扩散的结果，因此，在研究产品质量与产品创新扩散之间的关系时，本书将市场环境作为调节变量，通过观察不同市场环境中意见领袖与产品创新扩散之间的影响关系，来更深入地揭示产品创新扩散的一般规律。其中，基于产品特征以及消费者的采纳偏好特征，可以将产品市场划分为时尚市场与非时尚市场两种市场环境，具体内容如下。

5.2.1　时尚市场环境

时尚市场描述的是这样一种市场类型，即在产品创新的扩散过程中，规范压力在消费者采纳行为中发挥的作用远大于产品本身，即消费者在决定是否采纳一项产品创新的时候，考虑更多的是通过购买该项产品创新，是否能和其他消费者的观点和行为保持一致，从而能够融入自己的社交"圈子"，维持自己的身份和地位，而产品本身的性能、功效及价格等特征相对来说并不太重视，衣服、皮包、电影等非耐用消费品市场大都属于这种市场类型。例如，Valent等人在1997年对喀麦隆妇女关于避孕药采纳行为的实证研究中发现，喀麦隆的妇女选择哪种避孕药，更多地取决于她自己的社交网络中其他妇女的选择，而避孕药本身的质量对其影响并不大。

5.2.2　非时尚市场环境

与时尚市场不同，在非时尚市场中消费者在决定是否采纳一项产品时，考虑更多的是该产品的颜色、外观、质量、价格以及功效等产品本身的属性，如果产品本身的属性能够达到消费者的预期，则消费者会很大概率购买该产品，即使消费者受到的规范压力影响很小，而如果产品本身的属性低于消费者的预期，则消费者很难采纳该产品，即使消费者受到的规范压力的影响很大。在此过程中，消费者可能会适当地听取和参考其他消费者的意见，但其他消费者的购买行为对其影响并不大，即产品效用在消费者的采纳决策过程中发挥的作用远远大于规范压力对其的影响，如橱柜、汽车、电脑以及冰箱等一些耐用消费品市场大都属于这种市场类型。

5.3　基于复杂网络的产品创新扩散的仿真流程

5.3.1　复杂网络结构设定

在对意见领袖及产品创新扩散关系的研究中，为了更好地模拟消费者网络中个体间异质性特征，本章选择随机生成无标度网络作为产品创新扩散的网络结构，无标度网络基于增长性机制及偏好依附机制生成，具有幂率分布特征，即少数的节点拥有高的度值，而大部分节点的度值都较低，无标度网络的这种特征能够很好地体现意见领袖在扩散网络中的核心位置及功能，非常适用于对意见领袖相关问题的研究。本书同样利用 NetLogo 软件来生成无标度网络，具体的生成过程如下：首先构建一个节点数为 10 的全耦合网络，然后每次加入一个节点，新节点以度值优先的原则随机选择 $m_0 = 3$ 个旧节点进行连边，直到总节点数达到 1000 为止，生成的无标度网络的各项参数如表 5.1 所示。

表 5.1　无标度网络的结构参数

节点数量	平均度	偏好依附节点数量	平均集聚系数	平均路径长度
1000	6.03	3	0.04	4.912

图 5.2 是生成的无标度网络结构示意图。

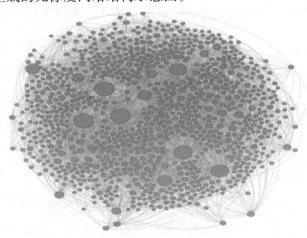

图 5.2　无标度网络结构示意图

5.3.2 阈值模型拓展

根据本章的仿真需求，对第 3 章构建的基于复杂网络的产品创新扩散的阈值模型进行拓展，拓展后的模型如下。

5.3.2.1 产品信息获取 $IA_{i,t}$

意见领袖获取产品信息的渠道仍然只有大众传媒的传播以及邻居的采纳行为。但在存在意见领袖的情况下，追随者关于产品信息的获取渠道又进一步地拓宽了，除了意见领袖获取产品信息的两种渠道外，还存在一条渠道，即如果消费者的邻居中存在获知产品信息的意见领袖，则该消费者也将获得产品信息。

$$IA_{i-ol,t} = \begin{cases} 1 & \text{获取产品信息（大众传媒传播、领居采纳行为）} \\ 0 & \text{未获取产品信息} \end{cases} \qquad (5-1)$$

$$IA_{i-fol,t} = \begin{cases} 1 & \text{获取产品信息（大众传媒传播、邻居采纳行为及意见领袖传递）} \\ 0 & \text{未获取产品信息} \end{cases}$$

$$(5-2)$$

5.3.2.2 产品效用评价

由于意见领袖的整合能力要强于追随者，为了体现这一特征，模型将进行如下假设，即意见领袖在获知产品信息后即能准确地判断出产品的质量 $q_{i-ol} = 0.5$，而追随者只有在其邻居中有人采纳产品创新之后，才能准确地判断出产品的质量 $q_{i-fol} = 0.5$，如果获取产品信息的追随者的邻居中无人采纳该产品创新，则追随者由于信息的整合能力较差，为了保守起见会降低对产品质量的评价，即 $q_{i-fol} = 0$。无论消费者是追随者还是意见领袖，当产品创新的质量大于等于个体对产品创新的偏好阈值时，个体将会形成对产品创新的偏好效用，且效用值为 1。否则，个体将不会形成对产品创新的偏好，即产品创新本身无法给个体带来任何效用，效用值为 0。

$$q_{i-ol} = \begin{cases} 0.5 & \text{大众传媒传播、邻居采纳行为} \\ \text{false} & \text{未获知产品信息} \end{cases} \qquad (5-3)$$

$$q_{i-fol} = \begin{cases} 0.5 & \text{领居采纳行为} \\ 0 & \text{大众传媒传播及意见领袖传递} \\ \text{false} & \text{未获知产品信息} \end{cases} \qquad (5-4)$$

$$意见领袖产品效用函数 \quad \begin{array}{l} q_{j-ol} \geqslant p_{i-ol,j} \Rightarrow p_{i-ol,j} = 1 \\ q_{j-ol} < p_{i-ol,j} \Rightarrow p_{i-ol,j} = 0 \end{array} \qquad (5-5)$$

$$追随者产品效用函数 \quad \begin{array}{l} q_{j-fol} \geqslant p_{i-fol,j} \Rightarrow p_{i-fol,j} = 1 \\ q_{j-fol} < p_{i-fol,j} \Rightarrow p_{i-fol,j} = 0 \end{array} \qquad (5-6)$$

5.3.2.3 规范压力评价

意见领袖与追随者在规范压力评价方面的规则一致，当个体的局部网络邻居中已采纳产品创新的个体数量占总邻居数量的比例超过个体的规范压力阈值时，个体才会感受到规范压力，且规范压力的值为 1。否则，如果个体的局部网络邻居中已采纳产品创新的个体数量占总邻居数量的比例未达到个体的规范压力阈值时，个体不会感受到规范压力，此时的规范压力值为 0。

$$意见领袖规范压力函数 \quad \begin{array}{l} A_{i-ol,t} \geqslant n_{i,\text{thre}} \Rightarrow N_{i-ol,t} = 1 \\ A_{i-ol,t} < n_{i,\text{thre}} \Rightarrow N_{i-ol,t} = 0 \end{array} \qquad (5-7)$$

$$追随者规范压力函数 \quad \begin{array}{l} A_{i-fol,t} \geqslant n_{i,\text{thre}} \Rightarrow N_{i-fol,t} = 1 \\ A_{i-fol,t} < n_{i,\text{thre}} \Rightarrow N_{i-fol,t} = 0 \end{array} \qquad (5-8)$$

5.3.3.4 总效用评价

意见领袖与追随者的总效用函数都由两部分效用构成：一是产品创新本身技术和性能给消费者带来的产品效用；二是消费者个体网络中已采纳产品创新的消费者带来的规范压力。不同的是，意见领袖对于规范压力的敏感性较低，因此规范压力的权重 α_i 较低，见公式（5-9）。

$$U_{i-ol} = \alpha_{i-ol} N_{i-ol,t} + (1 - \alpha_{i-ol}) p_{i-ol,j} \qquad (5-9)$$

$$U_{i-fol,t} = \alpha_{i-fol} N_{i-fol,t} + (1 - \alpha_{i-fol}) p_{i-fol,j} \qquad (5-10)$$

其中，$\alpha_{i-ol} < \alpha_{i-fol}$。

5.3.2.5 产品采纳函数

由于意见领袖的创新性程度要强于追随者，因此意见领袖的采纳阈值要低于追随者，但无论是意见领袖还是追随者，在决定是否采纳产品创新时，都会遵循相同的规则。

$$AC_{i-\mathrm{ol},t} = \begin{cases} 1 & U_{i-\mathrm{ol},t} \geq U_{i-\mathrm{ol,thre}} \\ 0 & U_{i-\mathrm{ol},t} < U_{i-\mathrm{ol,thre}} \end{cases} \quad (5-11)$$

$$AC_{i-\mathrm{fol},t} = \begin{cases} 1 & U_{i-\mathrm{fol},t} \geq U_{i-\mathrm{fol,thre}} \\ 0 & U_{i-\mathrm{fol},t} < U_{i-\mathrm{fol,thre}} \end{cases} \quad (5-12)$$

5.3.3 仿真参数设置

基于本章的研究问题，设置相应的仿真参数，包括固定参数及各对照组参数两种，具体参数设置情况如下。

5.3.3.1 意见领袖规模、市场环境与产品创新扩散仿真参数设置

本部分研究的主要内容是意见领袖数量的变化对产品创新扩散速度及深度的影响，仿真将在时尚市场环境、非时尚市场环境以及介于两者之间的一般市场环境三种情境下进行仿真分析，每种仿真情境下分别设定意见领袖数量为10，30，50，70，90，110，130，150，180，210与290共十一组参照组，以探寻意见领袖规模与市场环境以及产品创新扩散之间的动态变化关系，模型中的核心参数设置如表5.2至表5.5所示。

表5.2　基于一般市场环境的固定仿真参数设置

变量名	意见领袖		追随者	
	参　数	参数值	参　数	参数值
产品质量	q_{j-ol}	0.5	q_{j-fol}	0.5
产品偏好	$p_{i,j-ol}$	$U \sim (0, 1)$	$p_{i,j-fol}$	$U \sim (0, 1)$
规范权重	α_{i-ol}	$N \sim (0.51, 0.01)$	α_{i-fol}	$N \sim (0.60, 0.01)$
规范阈值	$n_{i,thre-ol}$	$N \sim (0.335, 0.01)$	$n_{i,thre-fol}$	$N \sim (0.335, 0.01)$
采纳阈值	$U_{i,thre-ol}$	$U \sim (0, 0.8)$	$U_{i,thre-fol}$	$U \sim (0, 1)$
大众传媒影响强度	Mass-media	0.003	Mass-media	0.003
运行步数	Run-times	500	Run-times	500

表 5.3　基于时尚市场环境的固定仿真参数设置

变量名	意见领袖		追随者	
	参　数	参数值	参　数	参数值
产品质量	$q_{j-\text{ol}}$	0.5	$q_{j-\text{fol}}$	0.5
产品偏好	$p_{i,j-\text{ol}}$	$U \sim (0,1)$	$p_{i,j-\text{fol}}$	$U \sim (0,1)$
规范权重	$\alpha_{i-\text{ol}}$	$N \sim (0.81, 0.01)$	$\alpha_{i-\text{fol}}$	$N \sim (0.90, 0.01)$
规范阈值	$n_{i,\text{thre}-\text{ol}}$	$N \sim (0.335, 0.01)$	$n_{i,\text{thre}-\text{fol}}$	$N \sim (0.335, 0.01)$
采纳阈值	$U_{i,\text{thre}-\text{ol}}$	$U \sim (0, 0.8)$	$U_{i,\text{thre}-\text{fol}}$	$U \sim (0,1)$
大众传媒影响强度	Mass − media	0.003	Mass − media	0.003
运行步数	Run − times	500	Run − times	500

表 5.4　基于非时尚市场环境的固定仿真参数设置

变量名	意见领袖		追随者	
	参　数	参数值	参　数	参数值
产品质量	$q_{j-\text{ol}}$	0.5	$q_{j-\text{fol}}$	0.5
产品偏好	$p_{i,j-\text{ol}}$	$U \sim (0,1)$	$p_{i,j-\text{fol}}$	$U \sim (0,1)$
规范权重	$\alpha_{i-\text{ol}}$	$N \sim (0.21, 0.01)$	$\alpha_{i-\text{fol}}$	$N \sim (0.30, 0.01)$
规范阈值	$n_{i,\text{thre}-\text{ol}}$	$N \sim (0.335, 0.01)$	$n_{i,\text{thre}-\text{fol}}$	$N \sim (0.335, 0.01)$
采纳阈值	$U_{i,\text{thre}-\text{ol}}$	$U \sim (0, 0.8)$	$U_{i,\text{thre}-\text{fol}}$	$U \sim (0,1)$
大众传媒影响强度	Mass − media	0.003	Mass − media	0.003
运行步数	Run − times	500	Run − times	500

表5.5 各对照组仿真参数设置

模 型	市场环境	意见领袖数量
Model 1	一般市场	10，30，50，70，90，110，130，150，180，210 及 290
Model 2	时尚市场	10，30，50，70，90，110，130，150，180，210 及 290
Model 3	非时尚市场	10，30，50，70，90，110，130，150，180，210 及 290

5.3.3.2 意见领袖创新性程度、市场环境与产品创新扩散仿真参数设置

本部分研究的主要内容是意见领袖创新性程度对产品创新扩散速度及深度的影响，仿真将在时尚市场环境、非时尚市场环境以及介于两者之间的一般市场环境三种情境下进行仿真分析，每种仿真情境下分别设定意见领袖创新性参数为 $U \sim (0, 0.85)$、$U \sim (0, 0.8)$、$U \sim (0, 0.75)$、$U \sim (0, 0.70)$、$U \sim (0, 0.65)$、$U \sim (0, 0.60)$、$U \sim (0, 0.55)$、$U \sim (0, 0.50)$、$U \sim (0, 0.45)$、$U \sim (0, 0.40)$ 及 $U \sim (0, 0.35)$ 共十一组参照组，以探寻意见领袖创新性程度与市场环境以及产品创新扩散之间的动态变化关系，模型中的核心参数设置如表5.6 至表5.9 所示。

表5.6 基于一般市场环境的模型固定参数设置

变量名	意见领袖		追随者	
	参 数	参数值	参 数	参数值
产品质量	q_{j-ol}	0.5	q_{j-fol}	0.5
产品偏好	$p_{i,j-ol}$	$U \sim (0, 1)$	$p_{i,j-fol}$	$U \sim (0, 1)$
规范权重	α_{i-ol}	$N \sim (0.51, 0.01)$	α_{i-fol}	$N \sim (0.60, 0.01)$
规范阈值	$n_{i,thre-ol}$	$N \sim (0.335, 0.01)$	$n_{i,thre-fol}$	$N \sim (0.335, 0.01)$
大众传媒影响强度	Mass－media	0.003	Mass－media	0.003
主体数量	Agent－number	300	Agent－number	700
运行步数	Run－times	500	Run－times	500

表 5.7　基于时尚市场环境的固定仿真参数设置

变量名	意见领袖		追随者	
	参　数	参数值	参　数	参数值
产品质量	$q_{j-\mathrm{ol}}$	0.5	$q_{j-\mathrm{fol}}$	0.5
产品偏好	$p_{i,j-\mathrm{ol}}$	$U\sim(0,1)$	$p_{i,j-\mathrm{fol}}$	$U\sim(0,1)$
规范权重	$\alpha_{i-\mathrm{ol}}$	$N\sim(0.81,0.01)$	$\alpha_{i-\mathrm{fol}}$	$N\sim(0.90,0.01)$
规范阈值	$n_{i,\mathrm{thre}-\mathrm{ol}}$	$N\sim(0.335,0.01)$	$n_{i,\mathrm{thre}-\mathrm{fol}}$	$N\sim(0.335,0.01)$
大众传媒影响强度	Mass – media	0.003	Mass – media	0.003
主体数量	Agent – number	300	Agent – number	700
运行步数	Run – times	500	Run – times	500

表 5.8　基于非时尚市场环境的固定仿真参数设置

变量名	意见领袖		追随者	
	参　数	参数值	参　数	参数值
产品质量	$q_{j-\mathrm{ol}}$	0.5	$q_{j-\mathrm{fol}}$	0.5
产品偏好	$p_{i,j-\mathrm{ol}}$	$U\sim(0,1)$	$p_{i,j-\mathrm{fol}}$	$U\sim(0,1)$
规范权重	$\alpha_{i-\mathrm{ol}}$	$N\sim(0.21,0.01)$	$\alpha_{i-\mathrm{fol}}$	$N\sim(0.30,0.01)$
规范阈值	$n_{i,\mathrm{thre}-\mathrm{ol}}$	$N\sim(0.335,0.01)$	$n_{i,\mathrm{thre}-\mathrm{fol}}$	$N\sim(0.335,0.01)$
大众传媒影响强度	Mass – media	0.003	Mass – media	0.003
主体数量	Agent – number	300	Agent – number	700
运行步数	Run – times	500	Run – times	500

表 5.9　各对照组仿真参数设置

模　型	市场环境	意见领袖创新性程度
Model 1	一般市场	$U \sim (0, 0.85)$、$U \sim (0, 0.8)$、$U \sim (0, 0.75)$、$U \sim (0, 0.70)$、$U \sim (0, 0.65)$、$U \sim (0, 0.60)$、$U \sim (0, 0.55)$、$U \sim (0, 0.50)$、$U \sim (0, 0.45)$、$U \sim (0, 0.40)$ 及 $U \sim (0, 0.35)$
Model 2	时尚市场	$U \sim (0, 0.85)$、$U \sim (0, 0.8)$、$U \sim (0, 0.75)$、$U \sim (0, 0.70)$、$U \sim (0, 0.65)$、$U \sim (0, 0.60)$、$U \sim (0, 0.55)$、$U \sim (0, 0.50)$、$U \sim (0, 0.45)$、$U \sim (0, 0.40)$ 及 $U \sim (0, 0.35)$
Model 3	非时尚市场	$U \sim (0, 0.85)$、$U \sim (0, 0.8)$、$U \sim (0, 0.75)$、$U \sim (0, 0.70)$、$U \sim (0, 0.65)$、$U \sim (0, 0.60)$、$U \sim (0, 0.55)$、$U \sim (0, 0.50)$、$U \sim (0, 0.45)$、$U \sim (0, 0.40)$ 及 $U \sim (0, 0.35)$

5.3.4　多智能体仿真分析

　　基于本章仿真分析的两个问题，运用多智能体仿真方法进行仿真分析。多智能体仿真分析的步骤如下。

　　（1）系统初始化。创建仿真主体 Turtles（消费者），初始化所有主体的状态为"未采纳者"，并将主体分为"意见领袖"与"追随者"两种类型，然后分别基于时尚市场环境与非时尚市场环境两种情况来赋予两类主体相应的采纳阈值属性、产品偏好属性、规范阈值属性以及权重属性等。

　　（2）参数设置。针对本章要研究的两个问题"意见领袖规模、市场环境与产品创新扩散"及"意见领袖创新性程度、市场环境与产品创新扩散"设计相应的仿真情景组，并设置各仿真情景组下的各项参数。

　　（3）系统启动。基于特定的参数，生成具有无标度网络特征的消费者网络结构（m=4；C=0.21425；L=3.825；D=0.0058），并通过大众传媒的信息传递效应来促使首批产品创新采纳者的出现，启动产品创新的扩散。

　　（4）个体状态更新。当系统启动运行后，每个时间步内所有主体会基于阈值函数以及与个体属性对应的参数设置对采纳产品创新获得的预期效用进行评估，当个体采纳产品创新的预期总效用大于等于其采纳阈值时，个体的状态则会更新为"采纳者"，否则个体的状态仍为"未采纳者"。当所有的主体进行完效用评价并更新完自身的采纳状态后，本次时间步的运行结束，系统开始进入下一个时间步的运行，如此循环往复。

（5）系统停止。当产品创新的信息传递遍及所有的主体，并且所有主体的采纳状态不再改变，则扩散终止，系统停止运行，否则系统将重复第四步的运行规则，直到系统扩散结束。

具体步骤如图 5.3 所示。

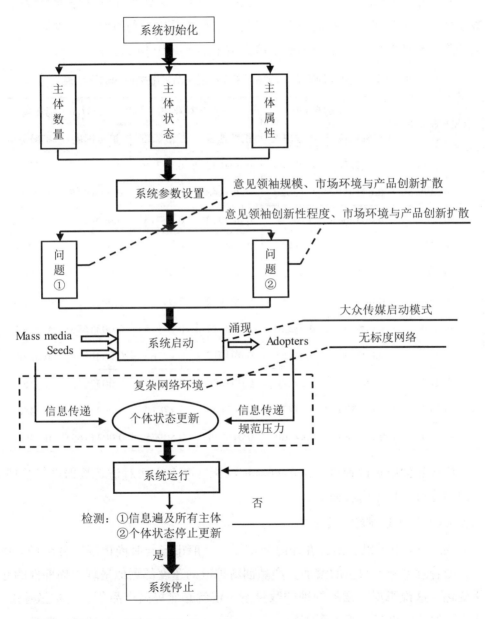

图 5.3　多智能体仿真分析步骤

5.4　基于复杂网络的产品创新扩散的仿真结果

5.4.1　意见领袖规模、市场环境与产品创新扩散

基于前文设置的参数，利用 NetLogo 软件对模型进行仿真分析，每种参数条件下的模型进行 100 次仿真，将其均值作为最终的仿真结果，以最大限度地消除随机性对仿真结果的影响，仿真结果如表 5.10 所示。

表 5.10　意见领袖规模、市场环境与产品创新扩散关系的仿真结果

意见领袖数量	时尚市场环境		一般市场环境		非时尚市场环境	
	扩散速度	扩散深度	扩散速度	扩散深度	扩散速度	扩散深度
ol=10	0.002958	0.07505	0.004043	0.24210	0.0038549	0.23345
ol=30	0.003911	0.17020	0.004148	0.32425	0.0036665	0.27975
ol=50	0.003964	0.18710	0.005952	0.36715	0.0034231	0.29280
ol=70	0.006394	0.18825	0.004523	0.37640	0.0029559	0.29955
ol=90	0.004285	0.30365	0.002876	0.40590	0.0032367	0.32095
ol=110	0.004919	0.30755	0.005942	0.44130	0.0032756	0.33510
ol=130	0.005899	0.28320	0.008312	0.45145	0.0031676	0.32370
ol=150	0.002999	0.24155	0.003917	0.47765	0.0030858	0.33780
ol=180	0.005178	0.29240	0.007086	0.51735	0.0033012	0.33545
ol=210	0.005384	0.34475	0.007896	0.47610	0.0030547	0.34585
ol=290	0.003289	0.34760	0.010817	0.50975	0.0031765	0.34915

从产品创新扩散速度与产品创新扩散深度两个方面对仿真数据进行整理、作图和分析，具体内容如下。

5.4.1.1 产品创新扩散速度

从图 5.4 中可以看出，在非时尚市场、一般市场与时尚市场三种市场环境中，随着意见领袖数量的增加，产品创新扩散的速度都近似呈现出周期性的起伏变化，这说明提高意见领袖的数量不一定就必然提高产品创新的扩散速度，在实际的营销决策过程中还需要综合考虑产品创新所处的市场环境。此外，从

图 5.4 中可知，在同等意见领袖数量条件下，产品创新在非时尚市场中的扩散速度最慢，且随着意见领袖数量的增加产品创新扩散速度的变动趋势也最平缓，其扩散速度保持在 0.003 左右，说明在非时尚市场中意见领袖的数量对于产品创新扩散速度的影响最不显著。而在一般市场与时尚市场中，产品创新扩散速度随着意见领袖数量的增加其变动的幅度较大，说明在一般市场与时尚市场中，意见领袖的数量对产品创新扩散速度的影响较显著。同时，从图 5.4 中可以看出，产品创新在一般市场中整体的扩散速度还要略微快于时尚市场，说明产品创新扩散的市场环境过于时尚或过于非时尚都不利于产品创新的快速扩散，产品创新在时尚性介于时尚市场与非时尚市场之间的一般市场环境中扩散的速度最快。

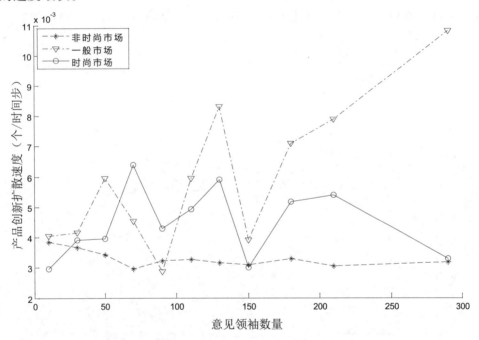

图 5.4　意见领袖数量与产品创新扩散速度关系的仿真绘图

5.4.1.2 产品创新扩散深度

从图 5.5 中可以看出，随着意见领袖数量的增加，产品创新在非时尚市场、一般市场与时尚市场中的扩散深度都呈现出逐渐上升的趋势，说明增加意见领袖的数量对产品创新的扩散深度有积极的促进作用。此外，从图 5.5 中可知，在意见领袖数量小于 210 的时候，同等意见领袖数量条件下，产品创新在时尚市场中的扩散深度最低，其次是非时尚市场，扩散深度最高的为一般市场。而当意见领袖数量大于 210 时，产品创新在时尚市场中的扩散深度开始大于在非时尚市场中的扩散深度。这说明当意见领袖数量较少时，非时尚市场环境相对于时尚市场环境来说更有利于产品创新的扩散，而当意见领袖数量较高时，时尚市场环境更有利于产品创新的扩散。从图 5.5 中也可以看出，产品创新在非时尚市场中随着意见领袖数量的增加其扩散深度的变动趋势较平缓，说明产品创新在非时尚市场中的扩散深度受意见领袖数量变动的影响程度较小，而在时尚市场与一般市场中，产品创新扩散深度随着意见领袖数量的增加变动的幅度较大，因此才会出现图 5.5 中所示的情况，即在意见领袖数量小于一定的值时，产品创新在时尚市场中的扩散深度低于非时尚市场，而在意见领袖数量大于这个临界值时，产品创新在时尚市场中的扩散深度会高于非时尚市场。

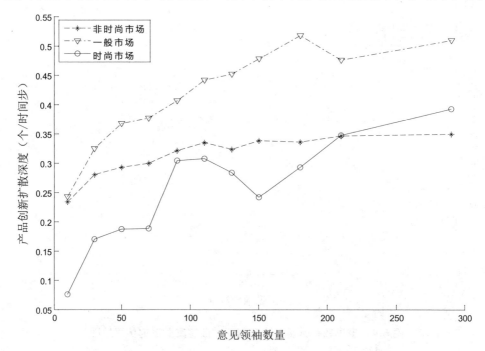

图 5.5 意见领袖数量与产品创新扩散深度关系的仿真绘图

5.4.2 意见领袖创新性程度、市场环境与产品创新扩散

基于前文设置的参数，利用 NetLogo 软件对模型进行仿真分析，每种参数条件下的模型进行 100 次仿真，将其均值作为最终的仿真结果，以最大限度

地消除随机性对仿真结果的影响，仿真结果如表 5.11 所示。

表 5.11　意见领袖创新性程度、市场环境与产品创新扩散关系的仿真结果

意见领袖创新性程度	时尚市场环境		一般市场环境		非时尚市场环境	
	扩散速度	扩散深度	扩散速度	扩散深度	扩散速度	扩散深度
$U \sim (0, 0.85)$	0.004459	0.29275	0.009467	0.452700	0.003423	0.334900
$U \sim (0, 0.80)$	0.006203	0.38275	0.008871	0.467500	0.003275	0.356500
$U \sim (0, 0.75)$	0.006101	0.43789	0.014910	0.583750	0.003162	0.363200
$U \sim (0, 0.70)$	0.004725	0.50670	0.016787	0.605250	0.003377	0.367050
$U \sim (0, 0.65)$	0.007285	0.52775	0.020771	0.644400	0.003542	0.372600
$U \sim (0, 0.60)$	0.010839	0.53135	0.036097	0.720750	0.005964	0.369050
$U \sim (0, 0.55)$	0.011388	0.56710	0.034889	0.725200	0.003718	0.400400
$U \sim (0, 0.50)$	0.014612	0.75690	0.043587	0.762250	0.004182	0.409550
$U \sim (0, 0.45)$	0.014000	0.80800	0.050640	0.768100	0.003464	0.399050
$U \sim (0, 0.40)$	0.018426	0.80790	0.043008	0.770790	0.004631	0.442550
$U \sim (0, 0.35)$	0.019916	0.90589	0.048460	0.774000	0.004744	0.436350

从产品创新扩散速度与产品创新扩散深度两个方面对仿真数据进行整理、作图和分析，具体内容如下。

5.4.2.1 产品创新扩散速度

在产品创新扩散的研究中，学者们一般用采纳阈值来衡量个体的创新性程度。个体的采纳阈值越低，代表个体越容易采纳产品创新，其创新性程度越高；反之，个体的采纳阈值越高，代表个体越难采纳产品创新，其创新性程度越低。本章的仿真研究中假设意见领袖的采纳阈值参数 $U_{i,\text{thre-ol}}$ 服从范围为 $0 \sim \mu$ 的均匀分布，其中 μ 值代表着意见领袖的平均创新性水平，μ 值越低，说明意见领袖群体的平均采纳阈值越低，即创新性程度越高；反之，μ 值越高，则代表意见领袖群体的整体创新水平越低。从图 5.6 中可以看出，随着意见领袖创新性程度的提高，产品创新在非时尚市场、一般市场与时尚市场中的扩散速度都呈现出逐渐上升的趋势，说明提高意见领袖的创新性程度对产品创新扩散的

速度有正向的促进作用。此外，同等意见领袖创新性程度条件下，产品创新在一般市场中的扩散速度最快，其次是时尚市场，最慢的是非时尚市场，从产品创新扩散速度上升的速率来看，产品创新在一般市场环境中的扩散速度，随着意见领袖创新性程度的提高上升的速度最快，其次是时尚市场，最慢的是非时尚市场。这说明意见领袖创新性程度的变动在一般市场中对产品创新扩散速度的影响最显著，而在非时尚市场中对产品创新扩散速度的影响最不显著，在时尚市场中对产品创新扩散速度的影响介于两者之间，从图 5.6 中也可以看出非时尚市场条件下产品创新扩散速度随意见领袖创新性程度变动的曲线最平缓，基本都维持在 0.003 左右。

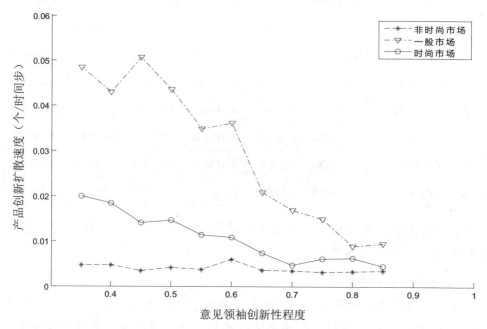

图 5.6　产品创新扩散的速度仿真绘图

5.4.2.2 产品创新扩散深度

从图 5.7 中可以看出，产品创新扩散深度在非时尚市场、一般市场和时尚市场三种类型的市场环境中，随着意见领袖创新性程度的提高，都呈现出逐渐上升的趋势，说明提高意见领袖的创新性程度不仅能提高产品创新的扩散速度，同样能提高产品创新的扩散深度。但与产品创新扩散速度仿真结果不同的是，产品创新在时尚市场中的扩散深度随着意见领袖创新性程度的提高，其上升的速度最快，其次是一般市场环境，在非时尚市场中最慢。这说明在时尚市场中意见领袖创新性程度的提高对产品创新扩散深度的促进效用最强，而在非时尚市场中对产品创新扩散深度的促进效用最弱，一般市场介于两者之间。并且从图 5.7 中可以看出，当意见领袖的创新性程度较低时，即在 $\mu \geqslant 0.82$ 时，产品创新在时尚市场中的扩散深度最低，其次是非时尚市场，在一般市场中的扩散深度最高。而当 $0.5 < \mu < 0.82$ 时，产品创新在时尚市场中的扩散深度逐渐超过在非时尚市场中的扩散深度，但仍然小于一般市场中的扩散深度。当 $\mu \leqslant 0.5$ 时，产品创新在时尚市场中的扩散深度将超过一般市场，成为最有利的产品创新扩散的市场环境。由此可见，对于产品创新扩散的深度而言，不存在绝对最优的市场环境，而是需要结合意见领袖的整体创新水平来判断相对最有利于产品创新扩散的市场环境。

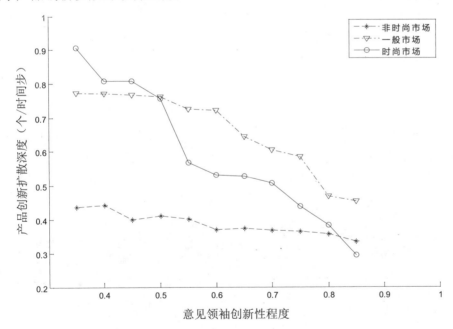

图 5.7　意见领袖创新性程度与产品创新扩散深度关系的仿真绘图

5.5　本章小结

本章首先对意见领袖的理论起源、概念、特征及识别方法进行了研究，然后选择市场环境作为意见领袖与产品创新扩散关系研究的调节变量，分析了时尚市场与非时尚市场两种市场环境，在此基础上，基于无标度网络仿真环境，运用多智能体仿真方法，在对阈值模型进行拓展的基础上，从意见领袖数量与意见领袖创新性程度两个维度分析了意见领袖与产品创新扩散之间的关系，并从产品创新扩散速度与产品创新扩散深度两个角度对仿真结果进行了分析，揭示了意见领袖与产品创新扩散之间的影响规律以及市场环境在其中的作用。

第6章 基于复杂网络的品牌竞争与产品创新扩散的关系研究

6.1 品牌竞争的影响要素

品牌指的是用来标记和识别产品与其他产品之间差异性的一种符号或名称。品牌竞争扩散指的是多种同类竞争性的品牌产品在市场中的扩散过程，从消费者采纳的角度来说，品牌竞争的扩散过程也是消费者对多种竞争性品牌产品的采纳选择过程。在本部分的研究中，只考虑两种竞争性品牌的扩散，其影响要素主要有品牌优势、转换成本及进入时间三个方面，具体内容如下。

6.1.1 品牌优势

品牌优势指的是品牌相对于其他竞争性品牌而言在技术性能、口碑以及创新性程度等方面具有的优势。在品牌的竞争扩散中，品牌的优势最终将反映在消费者对品牌的产品效用$P_{i,j}$的评价方面，在两个具有竞争性关系的品牌中，竞争优势强的品牌为消费者带来的产品效用要大于竞争优势较弱的品牌。一般来说，后进入市场的品牌产品在技术性能、外观及创新性程度等方面的竞争优势要强于先进入市场的品牌产品，因此，为了区分两个竞争性品牌在竞争优势方面的差异性，本章的仿真分析将先进入市场的品牌 a 的产品效用$P_{i,a}$设置为1，而后进入市场的品牌 b 的产品效用$P_{i,b}$设置为1.2。

6.1.2 转换成本

转换成本是经济学与管理学中的一个重要概念，指的是消费者从一种品牌产品转向采纳另一种品牌产品所付出的成本，它不仅包括消费者放弃现有品牌产品所付出的金钱、精力及物质成本，还包括消费者寻找新的品牌产品所投入的人力、财力以及消费者感知到的心理风险以及情感等方面的成本。在品牌竞争扩散中，两个品牌间的转换成本越高，已经采纳某一品牌产品的消费者转而采纳另一品牌产品的难度就会越大。反之，如果两个品牌间的转换成本较低，则消费者很可能在采纳某一品牌产品后放弃该品牌转而采纳另一品牌的产品。因此，转换成本是影响品牌扩散效率的一个关键要素，一个高的转换成本很容易造成品牌的垄断扩散行为，而低的转换成本则更有利于其他后进入市场的竞争性品牌的扩散。

6.1.3　进入时间

进入时间指的是以品牌 a 进入市场的时间为起点，品牌 b 进入市场的时间，它反映了两种品牌进入市场的时间跨度。一般来说，先进入市场的品牌会较早地形成一定规模的用户基础，从而在规范压力的形成方面具有一定的优势，更有利于品牌的扩散。因此，如果竞争性品牌 b 的进入时间较早，先进入市场的品牌 a 会由于还未建立起用户基础或用户基础较薄弱很可能被品牌 b 淘汰出市场。而如果竞争性品牌 b 的进入时间很晚，先进入市场的品牌 a 已经形成了规模较大的用户基础，此时品牌 b 在市场中的扩散会变得非常艰难。

6.2　品牌竞争与产品创新扩散关系的调节变量选择及分析

消费者在面对单个品牌产品的扩散时，考虑的只有采纳与不采纳两种状态，而一旦加入竞争性品牌产品，即在品牌竞争的扩散环境下，消费者不仅需要考虑采纳与不采纳两种状态，还需要对两种品牌产品进行比较和权衡，从而决定最终采纳哪种品牌产品。在此过程中，重复购买的频率决定了消费者对两种竞争性品牌产品采纳行为的转换速度，并最终导致品牌产品扩散的结果的改变。基于此，本章在研究品牌竞争与产品创新扩散之间的关系时，将重复购买作为调节变量，在不同的重复购买系数仿真环境中观察品牌竞争与产品创新扩散之间的影响关系，更深入地揭示产品创新扩散的一般规律。其中，根据重复购买系数的大小，可以将产品分为耐用品与非耐用品两种，具体内容如下。

6.2.1　耐用消费品

耐用消费品（durable goods）指的是耐用性程度较高且使用时间较长（至

少在 1 年以上）的消费品，如电脑、洗衣机、汽车以及冰箱等。耐用消费品市场中消费者的重复购买系数往往非常低，消费者在对品牌产品首次购买之后，在短时期内很难再有购买品牌产品的意愿。在品牌竞争扩散过程中，低的重复购买系数代表着消费者对于品牌产品低的重复购买意愿，这种低的重复购买意愿在一定程度上会降低消费者对各类竞争性产品采纳行为之间的转换速度，尤其是对先进入市场的品牌产品向后进入市场的品牌产品进行转换的速度，因此对于后进入市场的品牌产品的扩散具有一定的阻滞作用。

6.2.2　非耐用消费品

非耐用消费品（nondurable goods）指的是耐用性程度较低且使用时间较短，甚至一次性消费的产品，如牙刷、洗发露、零食以及茶叶等。相对于耐用消费品而言，非耐用消费品的重复购买系数较大，消费者在短时间内会频频涌现出对品牌产品的购买意愿。在品牌竞争扩散过程中，消费者这种频频出现的购买意愿，会让消费者在短时间内有更多的机会考虑和采纳其他品牌的产品，因此消费者对各类竞争性品牌产品采纳行为之间的转换速度也会相应地加快，消费者的这种采纳特征对于后进入市场的品牌产品的扩散具有一定的促进作用。

6.3　基于复杂网络的产品创新扩散的仿真流程

6.3.1　复杂网络结构设定

本部分在对品牌竞争与产品创新扩散关系进行研究时，仍选择小世界网络作为产品创新扩散的网络结构，并利用 NetLogo 软件来构建小世界网络模型。模型的生成参数见第 4 章的复杂网络结构设定部分，但与第 4 章小世界网络生成模型不同的是，本部分研究的是两个品牌的扩散过程。为了更好地体现两种品牌的竞争扩散的变动趋势，本章将生成的小世界网络的节点数量扩大到2000 个，为两种品牌的扩散提供足够的竞争空间，并将小世界网络的平均度设置为 10，来降低"规范压力锁定"这种极端现象出现的概率。本章小世界网络模型生成的具体参数如表 6.1 所示。

表 6.1　小世界网络的结构参数

节点数量	平均度	网络重练概率	平均集聚系数	平均路径长度
2000	10	0.12	0.4637	4.827

图 6.1 是本章生成的小世界网络结构示意图。

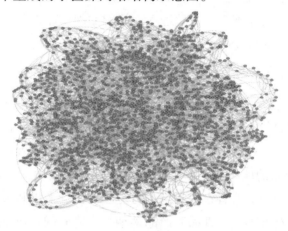

图 6.1　小世界网络结构示意图

6.3.2　阈值模型拓展

根据本章的仿真需求，对第 3 章构建的基于复杂网络的产品创新扩散的阈值模型进行拓展，拓展后的模型如下。

6.3.2.1 产品创新信息获取 $IA_{i,t}$

在产品创新信息获取方面，为了更精确地分析转换成本、进入时间与重复购买及产品创新扩散之间的关系，模型假设大众传媒对两种品牌产品的宣传强度相同，即两种品牌产品在大众传媒信息传递方面不存在差异性，消费者在获知其中某一品牌的产品信息后的同时能够获取另一品牌产品的信息。

$$IA_{i,t-a} = \begin{cases} 1 & \text{大众传媒传播、邻居采纳行为及获知品牌b信息} \\ 0 & \text{未获取产品信息} \end{cases} \quad （6-1）$$

$$IA_{i,t-b} = \begin{cases} 1 & \text{大众传媒传播、邻居采纳行为及获知品牌a信息} \\ 0 & \text{未获取产品信息} \end{cases} \quad （6-2）$$

6.3.2.2 产品效用评价

后进入市场的品牌产品在产品性能方面往往要优于先进入市场的品牌产品，为了体现这个特征，模型假设后进入市场品牌的产品质量效用大于先进入市场品牌的产品质量效用，如公式（6-3）和6-4所示。

$$品牌\ a\ 产品效用函数 \quad \begin{aligned} q_{j-a} \geqslant p_{i,\mathrm{a}} &\Rightarrow P_{i,\mathrm{a}} = 1 \\ q_{j-a} < p_{i,\mathrm{a}} &\Rightarrow P_{i,\mathrm{a}} = 0 \end{aligned} \quad (6-3)$$

$$品牌\ b\ 产品效用函数 \quad \begin{aligned} q_{j-b} \geqslant p_{i,\mathrm{b}} &\Rightarrow P_{i,\mathrm{b}} = 1.2 \\ q_{j-b} < p_{i,\mathrm{b}} &\Rightarrow P_{i,\mathrm{b}} = 0 \end{aligned} \quad (6-4)$$

6.3.2.3 规范压力评价

在规范压力方面，品牌 a 与品牌 b 的评价规则一致，即当个体 i 的网络邻居中已采纳产品创新的个体数量占总邻居数量的比例超过个体 i 的规范压力阈值 $n_{i,\mathrm{thre}}$ 时，个体才会感受到规范压力，且规范压力的值为 1。否则，如果个体 i 的网络邻居中已采纳产品创新的个体数量占总邻居数量的比例未达到个体 i 的规范压力阈值 $n_{i,\mathrm{thre}}$ 时，个体不会感受到规范压力，此时的规范压力值为 0。

$$品牌\ a\ 规范压力函数 \quad \begin{aligned} A_{i,t-a} \geqslant n_{i,\mathrm{thre}} &\Rightarrow N_{i,t-a} = 1 \\ A_{i,t-a} < n_{i,\mathrm{thre}} &\Rightarrow N_{i,t-a} = 0 \end{aligned} \quad (6-5)$$

$$品牌\ b\ 规范压力函数 \quad \begin{aligned} A_{i,t-b} \geqslant n_{i,\mathrm{thre}} &\Rightarrow N_{i,t-b} = 1 \\ A_{i,t-b} < n_{i,\mathrm{thre}} &\Rightarrow N_{i,t-b} = 0 \end{aligned} \quad (6-6)$$

6.3.2.4 总效用评价

在总效用评价方面，品牌 a 与品牌 b 的评价规则一致，即消费者采纳品牌 a 与品牌 b 产品创新的总效用函数都由两部分效用构成：一是产品创新本身技术和性能给消费者带来的产品效用；二是消费者个体网络中已采纳产品创新的消费者带来的规范压力，如公式（6-7）和公式（6-8）所示。其中，α_i 为规范压力的权重，用来衡量规范压力对于个体采纳行为影响的重要程度。

$$U_{i,t-a} = \alpha_i N_{i,t-a} + (1-\alpha_i) P_{i,\mathrm{a}} \quad (6-7)$$

$$U_{i,t-b} = \alpha_i N_{i,t-b} + (1-\alpha_i) P_{i,\mathrm{b}} \quad (6-8)$$

6.3.2.5 产品采纳函数

对于品牌 a 来说，在品牌 b 进入之前，当 $U_{i,t-a} < U_{i,\text{thre}}$ 时，消费者 i 在 t 时刻不会采纳品牌 a；当 $U_{i,t-a} \geq U_{i,\text{thre}}$ 时，消费者 i 在 t 时刻将采纳品牌 a。而在品牌 b 进入后，对于未采纳任何产品创新的消费者来说，当 $U_{i,t-a} \geq U_{i,\text{thre}}$ 且 $U_{i,t-a} \geq U_{i,t-b}$ 时，消费者会采纳品牌 a，而当 $U_{i,t-b} \geq U_{i,\text{thre}}$ 且 $U_{i,t-b} \geq U_{i,t-a}$，消费者会采纳品牌 b。对于已经采纳品牌 a 产品的消费者，当 $U_{i,t-b} \geq U_{i,t-a} + \text{CHC}$，已经采纳品牌 a 的消费者会放弃品牌 a 转而采纳品牌 b。

（1）品牌 b 进入前：

$$AC_{i,t-a} = \begin{cases} 1 & U_{i,t-a} \geq U_{i,\text{thre}} \\ 0 & U_{i,t-a} < U_{i,\text{thre}} \end{cases} \tag{6-9}$$

（2）品牌 b 进入后：

$$AC_{i,t-a} = \begin{cases} 1 & U_{i,t-a} \geq U_{i,thre} \text{且} U_{i,t-a} \geq U_{i,t-b}（\text{当} U_{i,t-b} \geq U_{i,thre} \text{时}） \\ 1 & U_{i,t-a} \geq U_{i,thre} \text{且} U_{i,t-b} + CHC \leq U_{i,t-a} < U_{i,t-b}（\text{当} U_{i,t-b} \geq U_{i,thre} \text{时}） \\ 0 & U_{i,t-a} < U_{i,thre} \text{或} U_{i,t-a} < U_{i,t-b} \end{cases}$$

$$\tag{6-10}$$

$$AC_{i,t-b} = \begin{cases} 1 & U_{i,t-b} \geq U_{i,thre} \text{且} U_{i,t-b} \geq U_{i,t-a}（\text{当} U_{i,t-a} \geq U_{i,thre} \text{时}） \\ 1 & U_{i,t-b} \geq U_{i,thre} \text{且} U_{i,t-a} + CHC \leq U_{i,t-b} < U_{i,t-a}（\text{当} U_{i,t-a} \geq U_{i,thre} \text{时}） \\ 0 & U_{i,t-b} < U_{i,thre} \text{或} U_{i,t-b} < U_{i,t-a} \end{cases}$$

$$\tag{6-11}$$

6.3.3 仿真参数设置

6.3.3.1 转换成本、重复购买与产品创新扩散仿真参数设置

本部分研究的主要内容是两个竞争性品牌产品之间转换成本的变化对最终扩散速度及深度的影响，仿真将分别在耐用消费品、一般消费品以及非耐用消费品三种情境下进行仿真分析，每种仿真情境下分别设定转换成本为 0，0.02，0.04，0.06，0.08，0.1，0.12，0.14，0.16，0.18，0.2 及 0.3 共十二组参照组，模型中的核心参数设置如表 6.2 和表 6.3 所示。

表 6.2　模型固定参数设置

变量名	品牌a		品牌b	
	参　数	参数值	参　数	参数值
产品质量	q_a	0.5	q_b	0.5
产品偏好	p_{i-a}	$U(0,1)$	p_{i-b}	$U(0,1)$
规范权重	α_{i-a}	$N(0.60,0.01)$	α_{i-b}	$N(0.60,0.01)$
规范阈值	$n_{i,\text{thre}-a}$	$N(0.335,0.01)$	$n_{i,\text{thre}-b}$	$N(0.335,0.01)$
采纳阈值	$U_{i,\text{thre}-a}$	$U(0,1)$	$U_{i,\text{thre}-b}$	$U(0,1)$
产品效用	$p_{i,u-a}$	$0 \rightarrow 1$	$p_{i,u-b}$	$0 \rightarrow 1.2$
进入时间	ET_a	0	ET_b	30
网络重连概率	r	0.12	r	0.12
大众传媒影响强度	Mass－media	0.05	Mass－media	0.05
运行步数	Run－times	500	Run－times	500

表 6.3　转换成本、重复购买与产品创新扩散关系的各对照组仿真参数设置

模　型	重复购买系数（rpu-co）	转换成本（CHC）
Model 1	耐用消费品（rpu-co=0.005）	0, 0.02, 0.04, 0.06, 0.08, 0.1, 0.12, 0.14, 0.16, 0.18, 0.2 及 0.3
Model 2	一般消费品（rpu-co=0.01）	0, 0.02, 0.04, 0.06, 0.08, 0.1, 0.12, 0.14, 0.16, 0.18, 0.2 及 0.3
Model 3	非耐用消费品（rpu-co=0.05）	0, 0.02, 0.04, 0.06, 0.08, 0.1, 0.12, 0.14, 0.16, 0.18, 0.2 及 0.3

6.3.3.2 进入时间、重复购买与产品创新扩散仿真参数设置

本部分研究的主要内容是竞争性品牌 b 进入时间的变化对最终扩散速度及深度的影响，仿真将分别在耐用消费品、一般消费品以及非耐用消费品三种情

境下进行仿真分析，在每种仿真情境下分别设定竞争性品牌 b 的进入时间 t 为 0、15、20、30、40、50、60、70、80、90、100、110、120、150 以 及 300 共十五组参照组，模型中的核心参数设置如表 6.4 和表 6.5 所示。

表 6.4 进入时间、重复购买与产品创新扩散关系的固定仿真参数设置

变量名	品牌a		品牌b	
	参 数	参数值	参 数	参数值
产品质量	q_a	0.5	q_b	0.5
产品偏好	p_{i-a}	$U(0,1)$	p_{i-b}	$U(0,1)$
规范权重	α_{i-a}	$N(0.60,0.01)$	α_{i-b}	$N(0.60,10.12)$
规范阈值	$n_{i,\text{thre}-a}$	$N(0.335,0.01)$	$n_{i,\text{thre}-b}$	$N(0.335,10.12)$
采纳阈值	$U_{i,\text{thre}-a}$	$U(0,1)$	$U_{i,\text{thre}-b}$	$U(0,1)$
产品效用	$p_{i,u-a}$	$0 \rightarrow 1$	$p_{i,u-b}$	$0 \rightarrow 1.2$
转换成本	$\text{CHC}_{i,a-b}$	0.07	$\text{CHC}_{i,b-a}$	0.07
网络重连概率	r	0.12	r	0.12
大众传媒影响强度	Mass－media	0.05	Mass－media	0.05
运行步数	Run－times	500	Run－times	500

表 6.5 进入时间、重复购买与产品创新扩散关系的各对照组仿真参数设置

模 型	重复购买系数（rpu-co）	进入时间（t）
Model 1	耐用消费品 （rpu-co=0.005）	0, 15, 20, 30, 40, 50, 60, 70, 80, 90, 100, 110, 120, 150, 300
Model 2	一般消费品 （rpu-co=0.01）	0, 15, 20, 30, 40, 50, 60, 70, 80, 90, 100, 110, 120, 150, 300
Model 3	非耐用消费品 （rpu-co=0.05）	0, 15, 20, 30, 40, 50, 60, 70, 80, 90, 100, 110, 120, 150, 300

6.3.4　多智能体仿真分析

基于本章仿真分析的两个问题，运用多智能体仿真方法进行仿真分析，多智能体仿真分析的步骤如下。

（1）系统初始化。创建仿真主体 Turtles（消费者），初始化所有主体的状态为"未采纳者"，设定两种竞争性品牌 a 和 b，针对两类竞争性品牌的特征及差异性，分别赋予 agent 对竞争性品牌 a 与竞争性品牌 b 相应的采纳阈值属性、产品偏好属性、规范阈值属性以及权重属性等。

（2）参数设置。针对本章要研究的两个问题"转换成本、重复购买与产品创新扩散"及"进入时间、重复购买与产品创新扩散"，分别在耐用消费品、一般消费品及非耐用消费品三种条件下设计相应的仿真情景组，并根据各仿真情景组来设置模型的参数。

（3）系统启动。基于特定的参数值，生成具有小世界网络特征的消费者网络结构（$r=0.12$；$C=0.4637$；$L=4.872$；$D=0.005$），并通过大众传媒的信息传递效应启动产品创新的扩散，推动系统的运行。

（4）个体状态更新。当系统启动运行后，每个时间步内所有主体会基于阈值函数以及个体属性对应的参数设置对品牌 a 与品牌 b 获得的采纳效用进行评估和比较，当个体采纳品牌 a 或品牌 b 的预期总效用大于等于其采纳阈值时，个体的状态则会更新为"品牌 a 采纳者"或"品牌 b 采纳者"，而当个体采纳品牌 a 和品牌 b 的期望效用都大于其采纳阈值时，如果此时个体为具有重复购买意愿的个体，则当另一品牌（a 或 b）的采纳效用大于当前品牌（b 或 a）的采纳效用与转换成本的总和，则个体转而采纳另一竞争性品牌（a 或 b），而如果此时个体不具有重复购买意愿，则个体选择两种品牌中采纳效用最大的品牌，并将个体状态更新为此品牌的采纳者状态。除此之外，个体的状态仍为"未采纳者"。当所有的主体进行完效用评价并更新完自身的采纳状态后，本次时间步的运行结束，系统开始进入下一个时间步的运行，如此循环往复。

（5）系统停止。当产品创新的信息传递遍及所有的主体，并且所有主体的采纳状态不再改变，则扩散终止，系统停止运行，否则系统将重复第四步的运行规则，直到系统扩散结束。

具体步骤如图 6.2 所示。

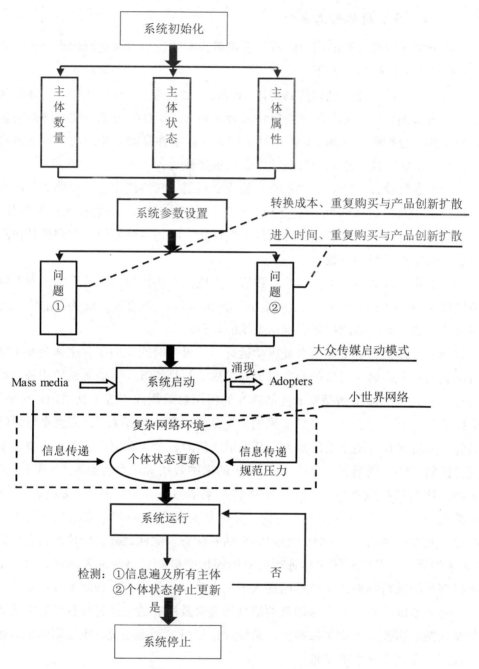

图 6.2　多智能体仿真分析步骤

6.4　基于复杂网络的产品创新扩散的仿真结果

6.4.1　转换成本、重复购买与产品创新扩散

基于前文设置的参数，利用 NetLogo 软件对模型进行仿真分析，每种参数条件下的模型进行 100 次仿真，将其均值作为最终的仿真结果，以最大限度地消除随机性对仿真结果的影响，仿真结果如表 6.6 至表 6.8 所示。

表 6.6　耐用消费品条件下的仿真结果

品牌转换成本	品牌a		品牌b	
	扩散速度	扩散深度	扩散速度	扩散深度
CHC=0	0.02800	0.26320	0.00342	0.48140
CHC=0.02	0.02762	0.27560	0.00340	0.47220
CHC=0.04	0.02731	0.28980	0.00340	0.45385
CHC=0.06	0.02680	0.26635	0.00348	0.48340
CHC=0.08	0.02546	0.29060	0.00327	0.44460
CHC=0.1	0.01937	0.33165	0.00529	0.38300
CHC=0.12	0.01573	0.36790	0.00910	0.32095
CHC=0.14	0.01401	0.35900	0.01118	0.31785
CHC=0.16	0.01347	0.38085	0.01206	0.29790
CHC=0.18	0.01371	0.39665	0.01176	0.28755
CHC=0.2	0.01468	0.38300	0.01156	0.30685
CHC=0.3	0.01359	0.38305	0.01173	0.30345

表 6.7　一般消费品条件下的仿真结果

品牌转换成本	品牌a		品牌b	
	扩散速度	扩散深度	扩散速度	扩散深度
CHC=0	0.04145	0.14143	0.01172	0.62075
CHC=0.02	0.04045	0.14335	0.01182	0.61975
CHC=0.04	0.04069	0.14875	0.01147	0.61710

续　表

品牌转换成本	品牌a		品牌b	
	扩散速度	扩散深度	扩散速度	扩散深度
CHC=0.06	0.04067	0.13950	0.01153	0.64255
CHC=0.08	0.03926	0.15410	0.01128	0.60954
CHC=0.1	0.02218	0.20125	0.01141	0.50625
CHC=0.12	0.01423	0.27820	0.01139	0.37580
CHC=0.14	0.01353	0.29335	0.01169	0.33175
CHC=0.16	0.01449	0.28890	0.01250	0.33764
CHC=0.18	0.01378	0.37235	0.01107	0.31110
CHC=0.2	0.01413	0.37725	0.01222	0.30400
CHC=0.3	0.01350	0.39420	0.01177	0.29450

表6.8　非耐用消费品条件下的仿真结果

品牌转换成本	品牌a		品牌b	
	扩散速度	扩散深度	扩散速度	扩散深度
CHC=0	0.03295	0.18235	0.00611	0.53241
CHC=0.02	0.03227	0.18935	0.00622	0.56725
CHC=0.04	0.03458	0.18015	0.00564	0.57930
CHC=0.06	0.03319	0.18750	0.00568	0.56510
CHC=0.08	0.03164	0.18965	0.00533	0.55850
CHC=0.1	0.02158	0.23334	0.00716	0.45735
CHC=0.12	0.01500	0.28651	0.00961	0.33740
CHC=0.14	0.01430	0.29265	0.01123	0.33370
CHC=0.16	0.01296	0.30565	0.01106	0.32445
CHC=0.18	0.01467	0.29080	0.01050	0.33620
CHC=0.2	0.01422	0.28220	0.01108	0.33190
CHC=0.3	0.01488	0.28895	0.01105	0.32935

从产品创新扩散速度与产品创新扩散深度两个方面对仿真数据进行整理、作图和分析，具体内容如下：

6.4.1.1 产品创新扩散速度

从图 6.3 中可以看出，在品牌 b 进入时间固定的条件下，逐渐提高品牌 a 产品和品牌 b 产品之间的转换成本，品牌 a 产品及品牌 b 产品的扩散速度呈图中的变化趋势，即在转换成本 CHC 较低时（$0 \leqslant CHC < 0.08$），提高转换成本对于品牌 a 产品及品牌 b 产品扩散速度的影响不明显，而当转换成本 $0.1 \leqslant CHC < 0.15$ 时，随着转换成本的提高，品牌 a 产品的扩散速度迅速下降，而品牌 b 产品的扩散速度迅速上升，最后当转换成本 $0.15 \leqslant CHC$ 时品牌 a 产品与品牌 b 产品的扩散速度逐渐趋于稳定，分别维持在 0.015 和 0.011 左右。说明转换成本对于品牌竞争扩散速度的影响是有一定条件范围的，只有在这个区间内，转换成本对于品牌竞争的扩散才会存在一定的影响关系，其中，转换成本对于先进入市场的品牌 a 产品的扩散速度具有负向的影响关系，提高转换成本能显著降低品牌 a 的扩散速度，而转换成本对于后进入市场的品牌 b 产品具有正向的促进作用，提高转换成本能显著提高品牌 b 的扩散速度。

此外，从图 6.3 中还可以看出，在转换成本 $0 \leqslant CHC < 0.15$ 时，非耐用消费品条件下的品牌 a 扩散的速度最快，其次是一般消费品条件下品牌 a 的扩散速度，最慢的是耐用消费品条件下品牌 a 的扩散速度。品牌 b 的扩散速度也呈现出同样的规律，即非耐用消费品条件下品牌 b 的扩散速度要快于一般消费品及耐用消费品条件下的扩散速度，其中耐用消费品条件下的品牌 b 的扩散速度最慢。说明在转换成本较低时，重复购买与品牌扩散速度之间存在正向的影响关系，提高重复购买系数，会提高品牌竞争的整体扩散速度。而当转换成本较高时，即 $0.15 \leqslant CHC$ 时，重复购买对于品牌 a 与品牌 b 扩散速度的影响较小，在非耐用消费品、耐用消费品以及一般消费品三种仿真条件下的品牌 a 与品牌 b 的扩散速度基本保持一致。

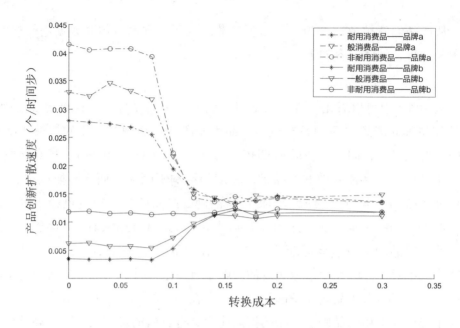

图例：
- 耐用消费品——品牌a
- 一般消费品——品牌a
- 非耐用消费品——品牌a
- 耐用消费品——品牌b
- 一般消费品——品牌b
- 非耐用消费品——品牌b

纵轴：产品创新扩散速度（个/时间步）
横轴：转换成本

图 6.3　产品创新扩散的速度仿真绘图

6.4.1.2 产品创新扩散深度

品牌竞争扩散深度随转换成本的变动趋势与扩散速度的变动趋势大体相同，如图 6.4 所示。从图 6.4 中可以看出，当转换成本较小时，即在 $0 \leqslant CHC < 0.08$ 时，提高转换成本对于品牌 a 与品牌 b 的扩散深度没有明显的影响，而当转换成本 $0.08 \leqslant CHC$ 时，提高转换成本，品牌 b 的扩散深度迅速下降，而品牌 a 的扩散深度迅速上升，最后，当转换成本 $0.13 \leqslant CHC$ 时，再提高转换成本，品牌 a 与品牌 b 的扩散深度基本没有变化。这种变动规律说明转换成本对于品牌竞争扩散深度的影响也是有条件的，只有转换成本在一定区间内，转换成本的变动才会对两种竞争性品牌 a 和 b 的扩散深度产生影响。其中，转换成本对先进入市场的品牌 a 的扩散深度有正向的促进作用，提高转换成本，能显著提高品牌 a 的扩散深度，而转换成本对后进入市场的品牌 b 的扩散深度有负向的影响作用，提高转换成本，会降低品牌 b 的扩散深度。

此外，从 6.4 图中可知，当转换成本较低时，即 $0 \leqslant CHC < 013$ 时，重复购买系数对于品牌 a 与品牌 b 的扩散深度有显著的影响。其中，对于品牌 a 来说，耐用消费品条件下的扩散深度最大，其次是一般消费品条件下的扩散深度，非耐用消费品条件下的扩散深度最小，而对于品牌 b 来说，非耐用消费品

条件下的扩散深度最大，其次是一般消费品条件下的扩散深度，耐用消费品条件下的扩散深度最小。说明在转换成本较低时，在其他条件不变的情况下，重复购买系数与先进入市场的品牌 a 的扩散深度之间存在负向的影响关系，提高重复购买系数，会降低品牌 a 的扩散深度，而重复购买系数与后进入市场的品牌 b 的扩散深度之间存在正向的影响关系，提高重复购买系数，能提高品牌 b 的扩散深度。而当转换成本 0.13 ≤ CHC 时，重复购买系数对于品牌 a 与品牌 b 的扩散深度没有明显的影响关系。

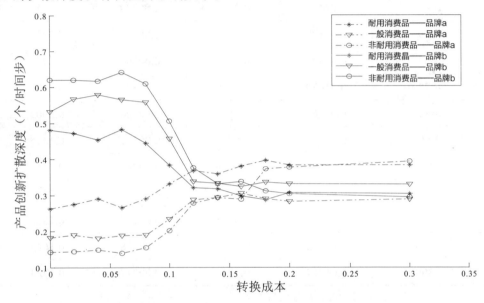

图 6.4　转换成本与产品创新扩散深度关系的仿真绘图

6.4.2　进入时间、重复购买与产品创新扩散

基于前文设置的参数，利用 NetLogo 软件对模型进行仿真分析，每种参数条件下的模型进行 100 次仿真，将其均值作为最终的仿真结果，以最大限度地消除随机性对仿真结果的影响，仿真结果如表 6.9 至表 6.11 所示。

表 6.9　耐用消费品条件下的仿真结果

品牌b进入时间	品牌a		品牌b	
	扩散速度	扩散深度	扩散速度	扩散深度
$t=0$	无	0	0.00879	0.8424

续 表

品牌b进入时间	品牌a		品牌b	
	扩散速度	扩散深度	扩散速度	扩散深度
t=15	0.04747	0.0735	0.00829	0.7223
t=20	0.04741	0.1265	0.00438	0.6441
t=30	0.03002	0.2233	0.00366	0.5200
t=40	0.02467	0.3105	0.00339	0.4159
t=50	0.02108	0.3962	0.00328	0.3480
t=60	0.01802	0.4741	0.00303	0.2944
t=70	0.01629	0.5319	0.00323	0.2184
t=80	0.01564	0.5597	0.00304	0.2069
t=90	0.01432	0.5789	0.00291	0.1825
t=100	0.01463	0.5929	0.00287	0.1717
t=110	0.01278	0.6171	0.00295	0.1757
t=120	0.01353	0.6156	0.00290	0.1813
t=150	0.01262	0.6151	0.00278	0.1649
t=300	0.01267	0.6234	0.00277	0.1724

表6.10 一般消费品条件下的仿真结果

品牌b进入时间	品牌a		品牌b	
	扩散速度	扩散深度	扩散速度	扩散深度
t=0	无	0	0.00884	0.8469
t=15	0.07374	0.0735	0.00854	0.7485
t=20	0.0549	0.1265	0.00709	0.6763
t=30	0.03427	0.2233	0.00577	0.5653
t=40	0.02625	0.3105	0.00563	0.455
t=50	0.02161	0.3962	0.00533	0.3582
t=60	0.01917	0.4741	0.00509	0.2969

品牌b进入时间	品牌a		品牌b	
	扩散速度	扩散深度	扩散速度	扩散深度
$t=70$	0.01706	0.5319	0.004767	0.2413
$t=80$	0.01527	0.5597	0.00457	0.2163
$t=90$	0.01431	0.5789	0.00469	0.2054
$t=100$	0.01411	0.5929	0.00451	0.1909
$t=110$	0.01307	0.6171	0.00458	0.1792
$t=120$	0.0129	0.6156	0.00437	0.1755
$t=150$	0.01288	0.6151	0.00456	0.1826
$t=300$	0.01318	0.6234	0.00327	0.1759

表 6.11　非耐用消费品条件下的仿真结果

品牌b进入时间	品牌a		品牌b	
	扩散速度	扩散深度	扩散速度	扩散深度
$t=0$	无	0	0.01299	0.8445
$t=15$	0.11336	0.0515	0.01279	0.7795
$t=20$	0.07164	0.0855	0.01255	0.7349
$t=30$	0.04090	0.1689	0.01221	0.6235
$t=40$	0.02929	0.2916	0.01217	0.4687
$t=50$	0.02318	0.3994	0.01181	0.3611
$t=60$	0.01976	0.4714	0.01151	0.2988
$t=70$	0.01759	0.5178	0.01148	0.2498
$t=80$	0.01518	0.5655	0.01082	0.2105
$t=90$	0.01399	0.5926	0.01034	0.1959
$t=100$	0.01407	0.6078	0.00942	0.1853
$t=110$	0.01357	0.6095	0.00847	0.1852
$t=120$	0.01356	0.6164	0.00794	0.1787

续 表

品牌b进入时间	品牌a		品牌b	
	扩散速度	扩散深度	扩散速度	扩散深度
t=150	0.01309	0.6023	0.00643	0.1869
t=300	0.01348	0.6255	0.00328	0.1731

从产品创新扩散速度与产品创新扩散深度两个方面对仿真数据进行整理、作图和分析，具体内容如下。

6.4.2.1 产品创新扩散速度

从图 6.5 中可以发现，随着品牌 b 进入时间的增加，品牌 a 的扩散速度呈现出迅速下降的变动趋势，且在进入时间大于 120 个时间步时品牌 a 的扩散速度降到最低值 0.013 左右，而品牌 b 的扩散速度一直较低，且随着进入时间的增加，也呈现出逐渐下降的趋势。说明竞争性品牌 b 的进入时间与品牌 a 及品牌 b 之间存在负向的影响关系，增加品牌 b 的进入时间，会降低品牌 a 与品牌 b 的整体扩散速度。此外，从图 6.5 中还可以看出，在同等进入时间条件下，无论是品牌 a 还是品牌 b，在非耐用消费品仿真条件下的扩散速度最快，其次是一般消费品仿真条件下的扩散速度，最慢的是耐用消费品仿真条件下的扩散速度，这进一步验证了前文研究的结论，即重复购买系数与品牌竞争扩散速度之间存在正向的影响关系，并且进入时间在重复购买系数对品牌竞争扩散速度的影响过程中起到一定的调节作用，增大品牌 b 的进入时间，能够缩小重复购买系数对品牌竞争扩散速度的影响。

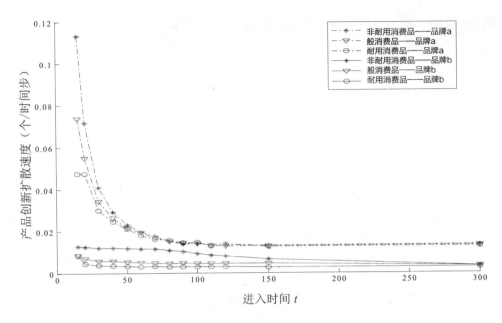

图 6.5　进入时间与产品创新扩散速度关系的仿真绘图

6.4.2.2 产品创新扩散深度

从图 6.6 中可以看出，随着品牌 b 进入时间的增加，品牌 a 与品牌 b 的扩散深度呈现出截然相反的变化趋势。其中，品牌 a 的扩散深度随着进入时间的增加呈现出逐渐上升的变动趋势，但上升的速度逐渐降低，并最终在 $t=125$ 时达到最大值，此后一直保持在 0.62 左右的扩散深度水平，而品牌 b 的扩散深度随着进入时间的增加呈现出迅速下降的变动趋势，并最终在 $t=125$ 时达到最小值，此后一直保持在 0.17 左右的扩散深度水平。说明进入时间与先进入市场的品牌 a 的扩散深度之间存在正向的影响关系，提高进入时间能显著提高品牌 a 的扩散深度，而进入时间与后进入市场的品牌 b 的扩散深度之间存在负向的影响关系，提高进入时间会降低品牌 b 的扩散深度，但这种影响关系在进入时间大于一定值时，即 $125 \leqslant t$ 时将消失。此外，当进入时间 $t<125$ 时，同等进入时间条件下，对于品牌 a 来说，在非耐用消费品仿真情景下的扩散深度最大，其次是一般消费品仿真情景下的扩散深度，在耐用消费品仿真情景下的扩散深度最小，而品牌 b 的结果正好相反，说明重复购买系数与先进入市场的品牌 a 的扩散深度之间存在负向的影响关系，提高重复购买系数，会降低品牌 a 的扩散深度，而重复购买系数与后进入市场的品牌 b 的扩散深度之间存在正向

的影响关系，提高重复购买系数能提高品牌 b 的扩散深度。

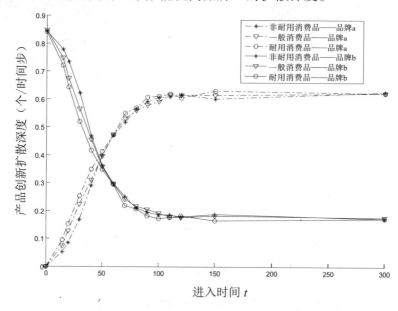

图 6.6　进入时间与产品创新扩散深度关系的仿真绘图

6.5　本章小结

本章首先对品牌的概念、品牌竞争的发展历程以及品牌竞争的影响要素进行了分析，然后选择重复购买作为品牌竞争与产品创新扩散关系研究的调节变量，分析了耐用消费品与非耐用消费品两种产品类型，在此基础上，基于小世界网络仿真环境，运用多智能体仿真方法，在对阈值模型进行拓展的基础上，从进入时间与转换成本两个维度分析了品牌竞争与产品创新扩散之间的关系，并从产品创新扩散速度与产品创新扩散深度两个角度对仿真结果进行了分析，揭示了品牌竞争与产品创新扩散之间的影响规律以及重复购买在其中的作用。

第7章 促进产品创新扩散的发展建议

7.1 基于产品质量促进产品创新扩散的建议

7.1.1 大力提升企业产品的质量

本书的仿真研究结果表明，无论在哪种复杂网络结构中，无论重连概率、网络规模及网络密度如何变化，提高产品质量都能显著地提高产品创新扩散的效率。因此，在新产品的推广过程中，企业的管理者应积极地提高产品的质量来促进企业产品在市场中的扩散，具体的措施如下。

7.1.1.1 提高产品的相对优势

相对优势指的是产品相对于其他可替代产品所具有的优势，为提高产品的相对优势，企业的管理者应努力增加产品的知识含量，积极地改进产品的整体性能，形成产品在经济利润、社会地位、舒适感以及时间与精力的节省等方面的全面优势，促进企业产品的扩散。

7.1.1.2 增强产品创新的相容性

相容性指的是产品与目标市场消费者在价值观念、文化信仰及实践经历等相一致的程度。为了增强产品的兼容性，企业的管理者应首先对产品目标市场中消费者的文化环境进行深入的考察，了解目标市场消费者的风俗习惯、宗教信仰及需求特征后，再选择产品的营销方案，以避免因相容性方面的冲突带来的产品推广的阻力。

7.1.1.3 提高产品创新的可视化程度

一个可以被很好认识和理解的产品更容易被消费者接受。因此，企业的管理者在产品的推广中，要通过广告、现场促销及产品讲座等多种手段来提高产品在功能、使用方法、颜色、外观及质量等方面的可视化程度，以此来降低消费者的采纳风险，促进企业产品的扩散。

7.1.1.4 提供更多的产品创新的试用机会

可试验性是指产品可以被采纳者试用的程度，产品的可试验性程度越高，越容易被消费者所采纳。因此，企业的管理者在制定产品的营销策略时，应通过现场促销活动、给予消费者一定的产品试用期限及先使用后付款等形式来为消费者提供尽可能多的产品试用机会，来降低消费者对企业产品采纳的不确定性，增强消费者的购买意愿。

7.1.1.5 降低产品创新的复杂性程度

产品的复杂性程度对于产品的扩散有着显著的阻碍作用，企业的管理者在进行产品的研发和推广时，应积极地对产品进行持续的创新和改进，降低产品的使用难度，并结合视频广告、专家讲座及现场示范及讲解等方式来提高消费者对产品使用方式及功能的理解，促进消费者对企业产品的采纳。

7.1.2 关注消费者的网络结构特征

虽然产品质量对于产品创新扩散的速度和深度都有着显著的促进作用，但这种促进作用随着网络结构的变化而改变。因此，企业的管理者在进行新产品的推广时，需要关注目标市场中消费者网络结构特征。例如，在重连概率方面，本书的仿真结果表明，同样质量的产品，随着网络重连概率的逐渐提高，产品创新扩散的效率呈现先上升后下降的趋势，在网络重连概率 $r=0.2$ 左右时，产品创新扩散的效率最高，此时的网络平均路径长度及集聚系数分别为 4.290 及 0.328。因此，企业的管理者在寻找目标市场时，可以通过抽样调查的方式，选择消费者网络的重连概率接近 0.2 的市场作为产品的目标市场，可以最大限度地提高产品创新扩散的效率。而在网络规模与网络密度方面，产品扩散效率呈现出类似的变动趋势，随着网络规模及网络密度的逐渐增大，产品创新的扩散效率也近似地呈现出先逐渐上升后逐渐下降的变动趋势，说明规模过大或过小以及密度过大或过小的消费者网络都不利于产品的扩散，企业的管理者在进行产品的推广时，应避免选择这两种极端的市场，而应该在对目标市场消费者网络结构进行抽样调查的基础上，选择网络规模及网络密度适中的消费者网络作为产品的目标市场，从而最大限度地提高企业的产品创新扩散效率。

7.2　基于促销活动促进产品创新扩散的建议

7.2.1　合理选择大众传媒推广时机及强度

本书的仿真结果表明，进行大众传媒推广活动的新产品要比不进行大众传媒推广活动的新产品具有更早的起飞时间及更高的产品创新扩散效率，说明大众传媒推广活动对产品创新的扩散有着正向的促进作用。因此，企业的管理者在对新产品的市场推广中，要积极开展相应的大众传媒推广活动，来推动新产品的扩散。在此过程中，大众传媒的推广时机及推广强度非常关键，一个恰当的大众传媒推广时机及强度可以迅速地形成新产品的起飞，从而推动企业产品在市场中的扩散，而如果大众传媒的推广时机及强度不合时宜，则往往会事倍功半，企业投入了大量的人力、财力及物力，可产品在市场中的扩散效果不尽如人意，甚至还会降低产品的扩散效率。本书的仿真研究表明，当管理者选择持续性的大众传媒推广策略时，在产品创新扩散的中后期进行高强度、持续性的大众传媒推广要比在产品创新扩散的初期进行大众传媒的推广更有利于产品创新的扩散。而当管理者选择集中性的大众传媒推广策略时，在产品创新扩散的前期就进行高强度、密集性的大众传媒推广活动要比在产品创新扩散后期进行高强度、密集性的大众传媒推广活动更有利于产品创新的扩散。

此外，在确定了大众传媒的推广时机及强度后，选择合适的大众传媒类型以及推广内容也是非常关键的环节。企业的管理者应该根据目标市场中消费者的特征、企业的经济实力、企业产品的特征以及各类传播媒介的特征来选择适合企业的大众传媒类型。例如，考虑到覆盖面广、可重复性及影响力大等特征时，可以选择电视作为新产品推广的媒体。而如果考虑到选择性、寿命长及速度快等特征时，则可以选择报纸或杂志作为新产品推广的媒体。在大众传媒推广内容方面，企业的管理者要基于企业产品的生命周期来选择大众传媒的推广目标。当企业的产品处于生命周期的早期阶段时，大众传媒的推广内容应以介绍新产品的基本信息为主，以形成消费者对新产品的初步需求，而当新产品处于生命周期的成熟期时，大众传媒的推广内容则应该以介绍新产品相对于其他产品的优势为主，来促进消费者形成对新产品的品牌依赖。最后，处于成熟期的新产品，其大众传媒的推广内容则主要以提示消费者在何时、何地能够购买到新产品为主。

7.2.2 依据度值优先原则确定目标市场客户群

在目标市场选择方面，本书的仿真结果表明，选择拥有广泛人脉关系的消费者作为种子顾客进行促销活动，要比随机选择消费者以及选择小团体特征显著的消费者更有利于产品创新的扩散。因此，企业的管理者在制定产品促销活动方案时，要根据度值最优的原则在目标市场中选择具有广泛人际关系的消费者作为促销对象，通过各种促销手段来优先使这些消费者成为企业产品的采纳者，然后通过这些消费者在产品扩散网络中的核心位置来影响其他消费者的采纳行为，促进企业新产品的扩散。其中，企业在目标市场采用的促销手段一般包括以下几个方面：①优惠券和返利。优惠券和返利是目前使用最广的促销方法，企业通过优惠券和返利可以刺激消费者多次购买企业产品，促进企业产品的扩散；②赠品。赠品是指消费者在购买其他产品时免费赠送或低价购买的商品。赠品策略在激励消费者尝试新产品或不同的品牌方面非常有效，能够有效地促进企业产品的扩散。③礼品广告。礼品广告指的是把企业及企业产品的相关信息印在有用的物品上，然后把物品免费赠送给目标市场的消费者。礼品广告有助于强化过去或未来的广告信息和销售信息，提升消费者对企业产品的印象，增强消费者的购买意愿，促进企业产品的扩散。

7.3 基于意见领袖促进产品创新扩散的建议

7.3.1 积极识别和培养企业产品市场中的意见领袖

意见领袖的数量及创新性程度与产品创新扩散之间存在着正向的影响关系，提高意见领袖的数量及创新性程度能显著地提高产品创新扩散的整体效率。因此，企业的管理者在制定营销策略时，应重视意见领袖的作用，通过有效地识别和积极地培养企业产品市场中的意见领袖，来推动产品创新的成功扩散。

7.3.1.1 识别意见领袖的方法

企业的管理者可以通过以下方法来识别意见领袖：①从专业性程度来识别。意见领袖对于产品的专业性程度要高于追随者，这种高的专业性程度是意见领袖经过长时间对大量产品的使用经验而逐渐积累起来的。因此，企业的管理者可以通过分析消费者使用的产品数量及产品知识丰富度来判别其是否为意见领袖。②从产品涉入度来识别。大量的实证研究表明，意见领袖相对于追随者来说，在产品的参与性方面拥有更高的热情。因此，企业的管理者在识别意见领袖时，可以通过观察消费者在产品上表现出的参与热情以及在产品上投入的时间、精力及金钱等来判断其是否为意见领袖。③从互动性来识别。实证研究表明，在产品的使用过程中，追随者很少主动与其他消费者进行产品的交流，而意见领袖在产品交流方面则拥有很高的积极性。因此，企业的管理者可以通过消费者之间的交流频率及交流内容的质量等方面来识别意见领袖。

7.3.1.2 培养意见领袖的建议

在对企业产品创新市场中意见领袖进行有效识别的基础上，企业的管理者应从以下几个方面积极地培养意见领袖，具体的培养建议如下：第一，增强意见领袖的专业性及涉入度。从专业性及涉入度两个方面着手，通过培训、交流以及赠样等方法进一步地加强意见领袖对产品的专业性程度及产品的涉入度。第二，丰富意见领袖对企业产品信息传播的形式及质量。企业的管理者可以通过图片或视频的形式来更生动、详尽地将企业产品的颜色、包装、质地以及外观等细节信息展示给意见领袖，然后通过意见领袖将企业产品的视觉化信息传递给其他消费者，吸引其他消费者的关注。第三，加强意见领袖与其他消费者之间的交互性。企业的管理者可以通过产品问题咨询专场以及产品宣传讲座等形式来为意见领袖与其他消费者之间提供更多的交流平台及机会。第四，培养意见领袖的个人特质。品位高且形象好的意见领袖更容易吸引消费者的注意，更为关键的是能引起消费者情感上的共鸣，这种情感上的共鸣能够增强消费者对产品的购买意愿，促进产品的扩散。因此，企业的管理者在新产品的市场推广过程中，要悉心培育意见领袖的公共形象，以刺激消费者的购买行为，促进企业产品在市场中的扩散。

7.3.2　依据意见领袖特征选择产品推广的市场环境

本书的仿真结果表明，虽然意见领袖的数量及创新性程度对产品创新扩散的效率都有着积极的正向促进作用，但其影响效果受到市场环境的影响。其中，当意见领袖数量较少时，产品创新在一般市场中的扩散效率最高，其次是非时尚市场，最后是时尚市场。而当意见领袖的数量较大时，产品创新在时尚市场中的扩散效率反而要高于非时尚市场。另外，当意见领袖的创新性程度较高时，产品创新在时尚市场中的扩散效率最高，其次是一般市场，最后是非时尚市场。而当意见领袖的创新性程度一般或较低时，产品创新在一般市场中的扩散效率最高，其次是时尚市场，最后是非时尚市场。因此，企业的管理者在定位产品市场环境时，要综合考虑市场中意见领袖的数量及整体的创新性程度。当市场中意见领袖整体的创新性程度较低时，企业应该选择一般市场环境作为产品的研发及推广方向，这样最有利于产品的扩散。而当意见领袖的整体创新性程度较高时，企业的管理者应该将时尚市场作为产品研发及推广的目标市场，这样最有利于企业产品的扩散。此外，在时尚市场与非时尚市场的选择中，当意见领袖的数量较少或创新性程度较低时，企业选择非时尚市场作为新产品研发及推广的目标市场要比选择时尚市场更有利于新产品的扩散。而当意见领袖数量较多或创新性程度较高时，企业选择时尚市场作为新产品研发及推广的目标市场要比选择非时尚市场更有利于新产品的扩散。

7.4 基于品牌竞争促进产品创新扩散的建议

7.4.1 努力打造企业产品的品牌优势

本书的仿真结果表明，对于先进入市场的品牌 a 来说，提高品牌 a 与后进入市场的品牌 b 之间的转换成本，能够显著提升品牌 a 的整体扩散效率，同时会降低品牌 b 的扩散效率。而如果降低品牌 a 与品牌 b 之间的转换成本，则会降低品牌 a 的整体扩散效率，提高品牌 b 的扩散效率。由此可见，无论从品牌 a 的角度还是从品牌 b 的角度考虑，努力地打造企业品牌的竞争优势，从而提高消费者购买竞争企业品牌产品的转换成本，是提高企业品牌扩散效率的有效途径。企业的管理者可以从以下几个方面来打造企业产品的品牌优势：①提升品牌质量。企业的管理者可以通过塑造品牌质量文化、构建品牌质量体系及加强品牌质量营销管理等方式来提升企业品牌的质量。②营造品牌文化。为了营造企业的品牌文化，企业的管理者首先应分析企业品牌内外部因素，提炼核心价值观，然后对企业员工进行培训，使其接受新的企业品牌文化，在此基础上建立激励机制，巩固企业品牌文化，最后建立学习型企业组织，使企业的品牌文化持续发展。③构建品牌管理体系。品牌形象的维护及竞争优势的保持都需要一个完善、高效率的品牌管理体系来支撑，企业的管理者应根据企业自身的特征、品牌特征及市场环境的动态变化，积极构建企业品牌的管理体系（包括品牌类型管理、品牌名称管理及品牌延伸管理等），推动企业品牌在市场中的扩散。

7.4.2　积极抢占品牌扩散的市场先机

本书的研究结果表明，在品牌竞争扩散过程中，品牌进入市场的时间与品牌的扩散效率存在负向的影响关系，品牌进入市场的时间越早，品牌最终的扩散效率也越高；反之，如果品牌进入市场的时间越晚，品牌最终的扩散效率也越低，尤其是企业的竞争对手在市场中已经扩散了很长时间，已经形成了足够规模的采纳者群体，此时，企业再将品牌推向市场进行扩散，则会由于难以形成足够的局部网络效应而只能占有极小的市场份额甚至扩散失败。因此，企业的管理者在制定市场营销策略时，应充分考虑市场的竞争环境，应积极地抢占品牌扩散的市场先机，在市场还未饱和时，尽早地将企业品牌推向市场中进行扩散，从而快速形成品牌扩散的"安装基础"，推动企业品牌在市场中的扩散。而如果市场中同类竞争品牌的采纳者已经形成一定的规模，且企业品牌的竞争优势不足以弥补消费者放弃原有品牌而转向购买企业品牌的转换成本时，企业的管理者仍将品牌推向市场，是不明智的。此时，企业的管理者应该积极地提升品牌的竞争优势，通过降低产品间的转换成本，来减少进入时间的差距带来的负面影响，或者积极地研发新产品，寻找新的市场空间，抢占新的市场先机。

7.5　本章小结

本章基于前文的仿真结果，从产品质量、促销活动、意见领袖及品牌竞争四个方面提出促进产品创新扩散的发展建议。其中，从产品质量角度提出大力提升企业产品质量及关注消费者网络结构特征两条建议；从促销活动角度提出合理选择大众传媒推广时间及强度与依据度值优先原则确定目标市场客户群两条建议；从意见领袖角度提出积极识别和培养企业产品市场中的意见领袖及依据意见领袖特征选择产品推广的市场环境两条建议；从品牌竞争角度提出努力打造企业产品的品牌优势及积极抢占品牌扩散的市场先机两条建议。通过本章的研究，明晰了基于复杂网络的产品创新扩散仿真分析的管理学意义。

第8章 结论及展望

8.1 全文主要的研究结论

产品质量、促销活动、意见领袖及品牌竞争是影响产品创新扩散的重要因素，本书通过构建基于复杂网络的产品创新扩散模型，运用多智能体仿真方法，在一定的复杂网络拓扑结构中，对产品质量、促销活动、意见领袖及品牌竞争与产品创新扩散之间的影响关系进行了仿真研究，通过研究得出如下结论。

（1）产品质量、网络结构与产品创新扩散研究结论

①产品质量对产品创新扩散的速度及深度都有正向的影响关系，提高产品质量，不仅能加快产品创新扩散的速度，也能提高产品创新扩散的深度。而重连概率对于产品创新扩散速度及深度的影响呈现出先上升后下降的变动趋势，提高重连概率，产品创新扩散速度及深度都是先提高然后逐渐降低。

②在同等条件下，新产品在规则网络中的扩散速度最慢，扩散深度也最低，而在随机网络中的扩散速度及深度居中，在小世界网络中的扩散速度及深度的变化幅度较大，在某些区域时扩散速度及深度会小于随机网络，而在另外一些区域中则大于随机网络，但无论在哪个区域，小世界网络中新产品扩散速度及深度都要大于规则网络。

③在过高或过低的产品质量条件下，网络重连概率对于产品创新扩散速度及深度的影响趋势都会变得不太明显，说明高质量产品与低质量产品都能缩小网络重连概率对产品创新扩散速度及深度的影响程度。而网络重连概率也同样在产品质量影响产品创新扩散速度及深度的过程中起着复杂的调节作用。

④网络规模对于产品创新扩散速度的影响不存在显著的规律性，扩大网络

的节点数量，产品创新扩散速度呈现出复杂的变动趋势。而网络规模对产品创新扩散深度的影响呈现出先逐渐上升然后逐渐下降的趋势，说明在产品创新扩散过程中是存在一个网络规模阈值的，当网络规模小于该阈值时，扩大网络规模会提高产品创新扩散的深度，而当网络规模大于该阈值时，再扩大网络规模则会降低产品创新扩散的深度。

⑤网络密度对于产品创新扩散速度及深度的影响都呈现出先上升后下降的变动趋势，说明在产品创新扩散过程中也存在一个网络密度的阈值，当网络密度小于该阈值时，提高网络密度能够提高产品创新扩散的速度及深度，而当网络密度大于该阈值时，则再提高网络密度反而会降低产品创新扩散的速度及深度。

（2）促销活动、起飞时间与产品创新扩散研究结论

①进行分散式冲击策略的新产品，在起飞时间、扩散速度及扩散深度方面都要优于不进行分散式冲击策略的新产品。在四种分散式冲击策略中，前期强冲击策略的起飞时间最早，产品创新扩散速度最快，而后期强冲击策略的扩散深度最大。

②进行集中式冲击策略的新产品，在起飞时间、扩散速度及扩散深度方面都要优于不进行集中式冲击策略的新产品。在四种集中式冲击策略中，前期集中强冲击策略的起飞时间最早、扩散速度最快，且扩散深度也最高。即在进行集中式冲击策略时，选择前期集中式强冲击策略对于产品创新扩散来说是最优的。此外，在集中式冲击策略中，冲击时点的变化对于产品创新扩散的起飞时间、扩散速度及扩散深度没有明显的影响趋势。

③当种子顾客数量过少时，随机选取、度值优先与集聚优先三种目标市场选择策略不存在起飞时间，只有当种子顾客数量大于某一值时，三种目标市场选择策略才存在起飞时间，且随着种子顾客数量的逐渐增加，三种目标市场选择策略的起飞时间都呈现出逐渐下降的趋势，并最终收敛于同一值，对比三种目标市场策略的平均起飞时间，可知度值优先策略的平均起飞时间＜集聚优先策略的平均起飞时间＜随机选取策略的平均起飞时间。

④随着种子顾客数量的增加，三种目标市场选择策略条件下的新产品扩散速度都呈现出逐渐提高的趋势，并且在同等条件下，度值优先策略的新产品扩散速度最快，其次是随机选取策略，最慢的是集聚优先策略。这说明选择度值大的节点作为种子顾客最有利于提高新产品的扩散速度，选择集聚系数大的节

点作为种子顾客最不利于提高新产品的扩散速度，而随机选取策略介于两者之间，进一步从侧面证实了复杂网络中的"小团体"结构不利于新产品的扩散。

⑤随着种子顾客数量的增加，三种目标市场策略条件下的新产品扩散深度呈现出经典的S形扩散曲线，即在种子顾客数量较低时新产品扩散深度的增长速度较缓慢，随着种子顾客数量的增加，新产品扩散深度的增长速度逐渐加快，并在种子顾客数量达到一定值后，其增长速度又逐渐降低。在此过程中，度值优先策略条件下的新产品扩散深度最大，其次是随机选取策略的扩散深度，而集聚优先策略的扩散深度最小。

⑥在产品创新扩散的过程中，起飞时间与产品创新扩散的速度有一定的联系，起飞时间越早，产品创新扩散的速度往往越快。此外，起飞时间与起飞时的市场渗透率也有一定的联系，起飞时间的极值与起飞时市场渗透率的极值同时出现。而起飞时间与产品创新扩散深度之间没有必然的联系。

（3）意见领袖、市场环境与产品创新扩散研究结论

①在非时尚市场、一般市场与时尚市场三种市场环境中，随着意见领袖数量的增加，新产品扩散的速度都近似呈现出周期性的起伏变化，说明提高意见领袖的数量不一定就必然提高新产品的扩散速度。此外，在同等意见领袖数量条件下，新产品在非时尚市场中的扩散速度最慢，而在一般市场与时尚市场中的扩散速度不具有明显的差异性。

②随着意见领袖数量的增加，新产品在非时尚市场、一般市场与时尚市场中的扩散深度都呈现出逐渐上升的趋势，说明增加意见领袖的数量对新产品的扩散深度有积极的促进作用。此外，当意见领袖的数量小于一定值时，同等意见领袖数量条件下，新产品在时尚市场中的扩散深度最低，其次是非时尚市场，扩散深度最高的为一般市场，而当意见领袖的数量大于此值时，新产品在时尚市场中的扩散深度会快于非时尚市场。

③随着意见领袖创新性程度的提高，新产品在非时尚市场、一般市场与时尚市场中的扩散速度都呈现出逐渐上升的趋势，说明提高意见领袖的创新性程度对新产品扩散的速度有正向的促进作用。此外，同等意见领袖创新性条件下，新产品在一般市场中的扩散速度最快，其次是时尚市场，最慢的是非时尚市场，从新产品扩散速度上升的速率来看，新产品在一般市场环境中的扩散速度随着意见领袖创新性程度提高上升的速度最快，其次是时尚市场，最后是非时尚市场。

④随着意见领袖创新性程度的提高，新产品扩散深度在非时尚市场、一般市场和时尚市场三种类型的市场环境中都呈现出逐渐上升的趋势。但与新产品扩散速度仿真结果不同的是，新产品在时尚市场中的扩散深度随着意见领袖创新性程度的提高而上升的速度最快，其次是一般市场，在非时尚市场中最慢。且同等意见领袖创新性程度条件下，新产品一般市场的扩散深度始终快于非时尚市场，而新产品在时尚市场的扩散深度呈现出阶段性变化。

（4）品牌竞争、重复购买与产品创新扩散研究结论

①转换成本对于品牌竞争扩散速度的影响是有一定条件范围的，只有在这个区间内，转换成本对于品牌竞争的扩散才会存在一定的影响关系，其中，转换成本对于先进入市场的品牌 a 产品的扩散速度具有负向的影响关系，提高转换成本能显著降低品牌 a 的扩散速度，而转换成本对于后进入市场的品牌 b 产品具有正向的促进作用，提高转换成本能显著提高品牌 b 的扩散速度。

②转换成本较低时，重复购买与品牌扩散速度之间存在正向的影响关系，提高重复购买系数，会提高品牌竞争的整体扩散速度。而当转换成本较高时，重复购买对于品牌 a 与品牌 b 扩散速度的影响较小，在非耐用消费品、耐用消费品以及一般消费品三种仿真条件下的品牌 a 与品牌 b 的扩散速度基本保持一致。

③转换成本对于品牌竞争扩散深度的影响也是有条件的，只有转换成本在一定区间内，转换成本的变动才会对两种竞争性品牌 a 和 b 的扩散深度产生影响，其中，转换成本对先进入市场的品牌 a 的扩散深度有正向的促进作用，提高转换成本，能显著提高品牌 a 的扩散深度，而转换成本对后进入市场的品牌 b 的扩散深度有负向的影响作用，提高转换成本，会降低品牌 b 的扩散深度。

④在转换成本较低时，在其他条件不变的情况下，重复购买系数与先进入市场的品牌 a 的扩散深度之间存在负向的影响关系，提高重复购买系数，会降低品牌 a 的扩散深度，而重复购买系数与后进入市场的品牌 b 的扩散深度之间存在正向的影响关系，提高重复购买系数，能提高品牌 b 的扩散深度。而当转换成本较高时，重复购买系数对于品牌 a 与品牌 b 的扩散深度没有明显的影响关系。

⑤竞争性品牌 b 的进入时间与品牌 a 及品牌 b 之间存在负向的影响关系，增加品牌 b 的进入时间，会降低品牌 a 与品牌 b 的整体扩散速度。在同等进入时间条件下，无论是品牌 a 还是品牌 b，在非耐用消费品仿真条件下的扩散速

度最快，其次是一般消费品仿真条件下的扩散速度，最慢的是耐用消费品仿真条件下的扩散速度，这进一步验证了前文研究的结论，即重复购买系数与品牌竞争扩散速度之间存在正向的影响关系。

⑥随着品牌 b 进入时间的增加，品牌 a 与品牌 b 的扩散深度呈现出截然相反的变化趋势，其中，品牌 a 的扩散深度随着进入时间的增加呈现出逐渐上升的变动趋势，但上升的速度逐渐降低，而品牌 b 的扩散深度随着进入时间的增加而呈现出迅速下降的变动趋势。说明重复购买系数与先进入市场的品牌 a 的扩散深度之间存在负向的影响关系，提高重复购买系数，会降低品牌 a 的扩散深度，而重复购买系数与后进入市场的品牌 b 的扩散深度之间存在正向的影响关系，提高重复购买系数，能提高品牌 b 的扩散深度。

8.2　研究不足和未来展望

21 世纪是复杂性的世纪。随着科学技术的快速发展，人们面对的世界越来越庞大，各类社会经济系统也越来越复杂，在此背景下，复杂网络理论受到了学者们的广泛关注，他们也尝试着将复杂网络理论应用到自己的研究领域。但到目前为止，复杂网络理论在社会系统中的应用程度远不及在信息技术网络和生物网络中应用得广泛。原因就在于由人构成的社会系统相对于其他系统来说更加地难以理解。本书尝试着将复杂网络理论应用到产品创新扩散的研究中，并通过多智能体仿真方法对产品创新扩散的相关问题进行了初步的探索和分析，但由于产品创新扩散是一个复杂的过程，很难考虑到所有的因素，本书的研究仍存在着一定的局限性和不足之处，仍有很大的拓展和完善空间。

（1）本书在构建基于复杂网络的产品创新扩散阈值模型时，只考虑了大众传媒、产品效用及规范压力三个关键的决策要素，而在现实社会中，消费者在采纳一项新产品时，除了考虑这三个要素之外，还会考虑产品的价格、产品预期等要素。因此，在后续的研究中，笔者将考虑把更多的消费者的决策要素纳入模型中，设计出更符合现实情况的产品创新扩散模型，来揭示产品创新扩散的一般规律。

（2）消费者的个体特征对于产品创新扩散具有重要的影响，本书的研究都是在消费者趋同化偏好特征的假设条件下展开的。虽然趋同化偏好特征符合大部分消费者的采纳规律，但在一些特殊的产品市场，如奢侈品市场中，消费者更多的是表现出差异化选择的特征，因此，本书的后续研究将尝试在消费者差异化选择偏好特征的假设条件下，观察产品创新扩散会呈现出哪些独特的扩散规律。

（3）本书主要运用仿真分析方法来研究复杂网络视角下产品创新扩散的相关问题，仿真分析虽然能够很好地模拟产品创新扩散的一般过程，能够不受实际数据的限制来探索更多、更复杂的决策要素对产品创新扩散的影响，但在产品创新扩散的实际应用中，由于数据收集及参数设置的限制而具有一定的局限性，应用的难度较大。因此，本书的后续研究将尝试放宽仿真模型对实际数据及参数设置的要求，增强仿真模型的实际应用价值。

（4）目前发现的复杂网络拓扑结构类型主要包括规则网络、随机网络、小世界网络及无标度网络四种，本书的研究也是基于这四种复杂网络拓扑结构展开的。但现实的社会网络中仍有很多特殊的复杂网络结构需要进一步的探索和挖掘，在未来的研究中，本书将加强对实际社会网络结构的分析，通过挖掘更丰富的复杂网络结构，为产品创新扩散的研究提供新的载体和环境。

参考文献

[1] WATTS D J, STROGATZ S H, 1998. Collective dynamics of 'small-world' networks [J]. Nature, 393（6684）：440-442.

[2] ALBERT R, JEONG H, BARABASI A L, 1999. Diameter of the World-Wide[J] Web. Nature, 401（6749）：130-131.

[3] FERRER-I-CANCHO R, SOLE R V, 2001. The small-world of human language [J]. The Royal Society Proceedings B OF LONDON, 268（1482）：2261-2266.

[4] JEONG H, MASON S, BARABASI A L, et al, 2001. Lethality and centrality in protein networks [J]. Nature, 411（6833）：41-42.

[5] BARABASI A L, JEONG H, NEDA Z, et al, 2002. Evolution of the social network of scientific collaborations [J]. Physica A, 311（3-4）：590-614.

[6] 杨鑫，安海忠，高湘昀，2012. 国际天然气贸易关系网络结构特征研究：基于复杂网络理论 [J]. 资源与产业，14（2）：81-87.

[7] 尹小倩，2013. 微博用户关系网络结构研究 [D]. 北京：中国地质大学.

[8] BROADER A Z, KUMAR S R, MAGHOUL F, et al, 2000. Graph structure in the web [J]. Computer Networks, 33（1-6）：309-320.

[9] XU T, CHEN R, HE Y, et al, 2004. Complex network properties of chinese power grid [J]. International Journal of Modern Physics B, 18（17-19）：2599-2603.

[10] FELL D A, WAGNER A, 2000. The small world of metabolism [J]. Nat Biotechnol, 18（11）：1121-1122.

[11] 陈明芳，王力虎，李稳国，2009. 基于高校门户网站的有向网络模型 [J]. 中国科技信息，（15）:98-99.

[12] 雷雪,王立学,曾建勋,2015.作者合著有向网络构建与分析[J].图书情报工作,59（5）:94-99.

[13] ALMAAS E, KOVACS B, VICSEK T, et al, 2004. Global organization of metabolic fluxes in the bacterium Escherichia coli [J]. Nature, 427（6977）: 839-843.

[14] BARRAT A, BARTHELEMY M, PASTOR-SATORRAS R, et al, 2004. The architecture of complex weighted networks [J]. Proc. Natl. Acad. Sci. U.S.A., 101（11）: 3747-3752.

[15] TIERI P, VALENSIN S, LATORA V, et al, 2005. Quantifying the relevance of different mediators in the human immune cell network [J]. Bioinformatics, 21(8): 1639-1643.

[16] 王翠君，王红，2008. 一个加权网络模型在科研合作网络中的应用研究 [J]. 信息技术与信息化（3）: 31-32, 35.

[17] 金秀，姜超，孟婷婷，等，2015. 我国股票市场拓扑性及加权网络中行业主导性分析 [J]. 东北大学学报（自然科学版）, 36（10）: 1516-1520.

[18] ALBERT R, JEONG H, BARABASI A L, 200. Error and attack tolerance of complex networks [J]. Nature0, 406（6794）: 378-382.

[19] PAUL G, TANIZAWA T, HAVLIN S, et al, 2004. Optimization of robustness of complex networks [J]. The Eur Phys Journal B, 38（2）:187-191.

[20] TANIZAWA T, PAUL G, COHEN R, et al, 2005. Optimization of network robustness to waves of targeted and random attacks [J]. Phys. Rev. E, 71（4）:7101-7101-4-0.

[21] 吴俊，2008. 复杂网络拓扑结构抗毁性研究 [D]. 长沙: 国防科学技术大学 .

[22] 黄仁全，李为民，董雯，等，2012. 基于复杂网络抗毁性与 ADMPDE 算法的网络拓扑结构优化 [J]. 空军工程大学学报（自然科学版）, 13（5）: 60-65.

[23] 陈文，任丽委，2015. 基于复杂网络的电力光缆传输网脆弱性分析及优化 [J]. 通信电源技术, 32（3）: 78-79, 90.

[24] XUE Y H, WANG J, LI L, et al, 2010. Optimizing transport efficiency on scale-free networks through assortative or dissortative topology[J]. Physical Review E, 81(3):037101.

[25] OUVEYSI I, SHU F, CHEN W, et al, 2010. Topology and routing optimization for congestion minimization in optical wireless networks[J].Optical Switching and Networking, 7(3)：95−107.

[26] 郑啸，陈建平，邵佳丽，等，2012.基于复杂网络理论的北京公交网络拓扑性质分析 [J].物理学报，61（19）：95−105.

[27] 郭兰兰，2013.基于复杂网络理论的城市轨道线网可靠性研究 [D].大连：大连理工大学.

[28] 齐立磊，赵丹丹，2014.基于复杂网络的城市公交系统优化研究 [J].西南师范大学学报（自然科学版），39（7）：102−107.

[29] 吴样平，郭飞，曾明华，2015.基于复杂网络的城市综合交通网络特征分析与优化研究 [J].江西师范大学学：（自然科学版），39（3）:326−330.

[30] 张强，李建华，沈迪，等，2015.复杂网络理论的作战网络动态演化模型 [J].哈尔滨工业大学学报，47（10）：106−112.

[31] 刘伟彦，刘斌，2015.基于加权路由策略的复杂网络拥塞控制研究 [J].系统工程理论与实践，35（4）：1063−1068.

[32] NEWMAN M E J, WATTS D J, 1999. Scaling and percolation in the small−world network model [J]. Phys. Rev. E, 60（6）：7332−7342.

[33] DOROGOVTSEV S N, MENDES J F F, SAMUKHIN A N, 2000. Structure of growing networks with preferential linking [J]. Phys. Rev. Lett, 8:（21）：4633−4636.

[34] BIANCONI G, BARABASI A L, 2001. Competition and multiscaling in evolving networks[J]. Europhys. Lett, 54（4）：436−442.

[35] KRAPIVSKY P L, REDNER S, 2005. Network growth by copying[J]. Phys. Rev. E, 71：036118.

[36] DOROGOVTSEV S N, MENDES J F F, 2001. Effect of the accelerating growth of communication networks on their structure [J] . Phys. Rev. E, 63（2）：025101.

[37] SHI D H, CHEN Q H, LIU L M, 2005. Markov chain−based numerical method for degree distributions of growing networks [J]. Phys. Rev. E, 71（3）：036140.

[38] LIU Z H,LAI YC, YE N, et al, 2002. Connective distribution and attack tolerance of general networks with both preferential and random attachments [J]. Physics Leters A, 303（5）：337−344.

160

[39] ZHENG D, TRIMPER S, ZHENG B, et al, 2003. Weighted scale−free networks with stochastic weight assignments [J]. Phys. Rev. E, 67（4）:040102.

[40] ANTAL T, KRAPIVSKY P L, 2005. Weight−driven growing networks [J]. Phys. Rev. E, 71（2）: 026103.

[41] 付江月，张锦，熊杰，等，2015. 城市物流网络空间结构加权局域世界演化模型 [J]. 复杂心态与复杂性科学，12（3）:38−44.

[42] 金秀，姜超，孟婷婷，等，2015. 我国股票市场拓扑性及加权网络中行业主导性分析 [J]. 东北大学学报（自然科学版），36（10）:1516−1520.

[43] BARRAT A, BARTHELEMY M, VESPIGNANI A, 2004. Weighted evolving networks: coupling topology and weight dynamics [J]. Phys. Rev. Lett, 92（22）: 228701.

[44] LI M H, FAN Y, WANG D H, et al, 2006. Modelling weighted networks using connection count [J]. New J. Phys, 8：72.

[45] 苏凯，汪李峰，张卓，2009. 一种灵活的加权复杂网络演化模型及其仿真 [J]. 系统仿真学报，21（1）: 266−271.

[46] 姜志鹏，张多林，马婧，等，2015. 权重演化的加权网络节点重要性评估方法 [J]. 空军工程大学学报，16（2）:19−23.

[47] 张瑜，菅利荣，张永升，2015. 基于加权无标度网络的产学研合作网络演化 [J]. 系统工程，33（1）: 68−73.

[48] NOWAK M A, MAY R M, 1993. The spatial dilemmas of evolution [J]. International Journal of Bifurcation and Chaos , 3（1）: 35−78.

[49] ABRAMSON G, KUPERMAN M, 2001. Social games in a social network [J]. Physical Review E, 63（3）: 030901.

[50] SANTOS F C, PACHECO J M, LENAERTS T, 2006. Cooperation prevails when Lndividuals adjust their social ties [J]. PLoS Computational Biology, 2（10）: e140.

[51] VUKOV J, SZAB Ó G, 2005. Evolutionary prisoner's dilemma game on hierarchical lattices [J]. Physical Review E, 71（3）: 36133.

[52] WANG W, REN J, CHEN G, et al, 2006. Memory−based snowdrift game on networks [J]. Physical Review E, 74（5）: 056113.

[53] 林海，吴晨旭，2007. 基于遗传算法的重复囚徒困境博弈策略在复杂网络中

的演化 [J]. 物理学报，56（8）：4313-4318.

[54] SZOLNOKI A, PERC M, SZAB Ó G, 2009. Topology-independent impact of noise on cooperation in spatial public goods games [J]. Physical Review E, 80（5）：056109.

[55] 邓丽丽，2012. 复杂网络上的最后通牒博弈 [D]. 天津：天津大学.

[56] 李昊，曹红铎，邢浩克，2012. 基于复杂网络少数者博弈模型的金融市场仿真研究 [J]. 系统工程理论与实践，32（9）：1882-1890.

[57] 向海涛，梁世东，2015. 双复杂网络间的演化博弈 [J]. 物理学报，64（1）:018902.

[58] MOORE C, NEWMAN M E J, 2000. Epidemics and percolation in small-world networks[J]. 61（5），5678-5682.

[59] PASTOR-SATORRAS R, VESPIGNANI A, 2001. Epidemic dynamics and endemic states in complex networks [J]. Physical Review, 63（6）：066117.

[60] MORENO Y, PASTOR-SATORRAS R, VESPIGNANI A, 2002. Epidemic outbreaks in complex heterogeneous networks [J]. The European Physical Journal B, 26（4）：521-529.

[61] 张晓军，2009. 基于复杂网络的创新扩散随机阈值模型研究 [D]. 成都：电子科技大学.

[62] CHOI H, KIM S, LEE J, 2010. Role of network structure and network effects in diffusion of innovation [J]. Industrial Marketing Management，39（1）：170-177.

[63] VAN ECK P, JAGER W LEEFLANG P, 2011. Opinion leader's role in innovation diffusion：a simulation study [J]. J. Prod Innov Manag, 28（2）：187-203.

[64] 郭琳，2013. 基于产品复杂性视角的新产品创新扩散研究 [D]. 杭州：浙江大学.

[65] 张晓光，2014. 网络拓扑结构与传播动力学分析 [D]. 太原：中北大学.

[66] ZANTEET D H, KUPERMAN M, 2002. Effects of immunization in small-world epidemics [J]. Physica A：Statistical Mechanics and its Applications, 309（3-4）：445-452.

[67] MORENO Y, NEKOVEE M, PACHECO A F, 2004. Dynamics of rumor spreading in complex networks [J]. Physical Review E, 69（6）：066130.

[68] 米传民，刘思峰，米传军，2007. 基于 SEIRS 模型的企业集团内部危机扩散研究 [J]. 中国管理科学，15（Z1）：724-728.

[69] GAI P, KAPADIA S, 2010. Contagion in financial networks [J]. Proceedings of the Royal Society A, Mathematical, Physical and Engineering Sciences,466（2120）：2401-2423.

[70] VESPIGNANI A, 2012. Modelling dynamical processes in complex socio-technical systems [J]. Nature Physics, 8（1）：32-39.

[71] 欧阳红兵，刘晓东，2015. 中国金融机构的系统重要性及系统性风险传染机制分析 - 基于复杂网络的视角 [J]. 中国管理科学，23（10）：30-37.

[72] 况湘玲，黄光球，曹黎侠，等，2015. 舆情传播对于复杂信任网络信任度的影响研究 [J]. 情报杂志，34（6）：131-139.

[73] 姚洪兴，孔垂青，周凤燕，等，2015. 基于复杂网络的企业间风险传播模型 [J]. 统计与决策，31（15）：185-188.

[74] CUIA, FU Y, SHANG M, et al, 2011. Emergence of local structures in complex network: common neighborhood drives the network evolution [J]. Acta Phys. Sin，60（3）:038901.

[75] 郭进利，祝昕昀，2014. 超网络中标度律的涌现 [J]. 物理学报，63（9）：090207.

[76] 刘艳，张青，杨正全，等，2015. 一种基于超图复杂网络的新的演化模型 [J]. 计算机仿真，32（7）：311-314.

[77] 刘刚，李永树，2015. 复杂网络空间模式下的网络演化过程及特性研究 [J]. 计算机应用研究，3:（12）：3657-3659.

[78] 胡海波，2010. 在线社会网络的结构、演化及动力学研究 [D]. 上海：上海交通大学.

[79] 谈亚洲，2012. 在线网络社区结构发现与演化技术研究 [D]. 哈尔滨：哈尔滨工程大学.

[80] 姚灿中，杨建梅，2012. 基于复杂网络的大众生产社区的演化机制研究 [J]. 计算机工程与应用，48（23）:1-5.

[81] LI H, ZHAO H, CAI W, et al, 2013. A modular attachment nechanism for software network evolution [J]. Physica A: Statistical Mechanics and its Applications, 392（9）：2025-2037.

[82] 李晓青，2015. 复杂网络视角下的产业集群网络演化模型研究 [J]. 重庆大学学报（社会科学版），21（5）：1-8.

[83] FOURT L A, WOODLOCK J W, 1960. Early prediction of market success for new grocery products [J]. Journal of Marketing, 25（2）：31-38.

[84] SHUSTER M S, 1998. Diffusion of network：innovation implications for adoption of Internet services[D].Cambridge：Massachusetts Institute of Technology.

[85] 刘晓曙，2008. 三种双指数跳跃扩散模型实证比较研究 [J]. 南方经济，（2）：64-72.

[86] 葛乐乐，2012. 双指数跳跃扩散模型在中国股票和指数市场的研究 [D]. 武汉：华中师范大学.

[87] MANSFIELD E, 1961. Technical change and the rate of imitation [J]. Econometrica, 29（4）：741-766.

[88] BEMMAOR AC, LEE Y, 2002. The impact of heterogeneity and ill-conditioning on diffusion model parameter estimates [J]. Marketing Science, 21（2）：209-220.

[89] 李勇，史占中，屠梅曾，2005. 企业集群中的创新传播动力学研究 [J]. 科学学与科学技术管理，26（5）：77 — 80.

[90] Rouvinen P, 2006. Diffusion of digital mobile telephony：are developing countries different？[J]. Telecommunications Policy, 30：46-63.

[91] KISS I Z, BROOM M, CRAZE P,et al, 2010. Can epidemic models describe the diffusion of topics across disciplines？[J]. Journal of Informetrics, 4（1）：74-82.

[92] 洪振挺，2012. 基于复杂网络的城市创新扩散模型研究 [J]. 求索，2012（6）：167-168.

[93] 曹斌，2014. 基于遗忘的知识传播网络模型研究 [D]. 太原：中北大学.

[94] 高长元，王京，2014. 网络视角下软件产业虚拟集群创新扩散模型研究 [J]. 管理科学，27（4）：123-132.

[95] 王砚羽，谢伟，2015. 基于传染病模型的商业模式扩散机制研究 [J]. 科研管理，36（7）:10-18.

[96] BASS F M, 1969. A new product growth model for consumer durables [J].

Management Science, 15（5）：215−227.

[97] TALUKDAR D, SUDHIR K, AINSLIE A, 2002. Investigating new product diffusion across products and countries [J]. Marketing Science, 21（1）：97−114.

[98] MEADE N, ISLAM T, 2006. Modeling and forecasting the diffusion of innovation: a 25−year review [J]. International Journal of Forecasting, 22（3）：519−545.

[99] TURK T, TRKMAN P, 2012. Bass model estimates for broadband diffusion in European countries [J]. Technological Forecasting and Social Change, 79（1）：85−96.

[100] PHUC P N K, YU F V, CHOU S Y, 2013. Manufacturing production plan optimization in three−stage supply chains under Bass model market effects [J]. Computers & Industrial Engineering, 65（3）：509−516.

[101] 曾鸣，曾繁孝，朱晓丽，等，2013. 基于 Bass 模型的我国电动汽车保有量预测 [J]. 中国电力，46（1）：36−39.

[102] 赵保国，冯旭艳，2014. 基于 Bass 模型的微信用户数扩散研究 [J]. 中央财经大学学报，（11）：108−112.

[103] 程静微，2013. 基于 Bass 模型的中国移动互联网用户扩散研究 [J]. 中国传媒大学学报（自然科学版），20（6）：65−69.

[104] 朱开伟，刘贞，吕指臣，等，2015. 基于 Bass 模型的超临界机组和超超临界机组的扩散情景分析 [J]. 电力建设，36（6）:128−133.

[105] ROBINSON B, LAKHANI R A, 1975. Dynamic price models for new product planning [J]. Mangagement Science, 21（10）：1113−1122.

[106] EASINGWOOD CJ, MAHAJAN V MULLER E, 1983. A nonuniform influence innovation diffusion model of new product acceptance [J]. Marketing Science, 2（3）：273−295.

[107] HORSKY D, SIMON L S, 1983. Advertising and the diffusion of new products [J]. Mrkettig Science.2（1）：1−17.

[108] KAMAKURA W A, BALASUBRAMANIAN S K, 1987. Long−term forecasting with innovation diffusion models−The impact of replacement purchase [J]. Journal of Forecasting, 6（1）：1−19.

[109] SHAIKH N I, RANGASWAMY A, BALAKRISHNAN A, 2005. Modeling the

diffusion of innovations using small-world networks [R]. Kiel：University of Kiel.

[110] 陈国宏，王丽丽，2010. 基于 Bass 修正模型的产业集群技术创新扩散研究 [J]. 中国管理科学，18（5）：179-184.

[111] FANELLI V, MADDALENA L, 2012. A time delay model for the diffusion of a new technology [J]. Nonlinear Analysis：Real world Applications, 13（2）：643-649.

[112] 李凌云，任斌，2013. 我国锂离子电池产业现状及国内外应用情况 [J]. 电源技术，37（5）：883-885.

[113] 杨国忠，马醉陶，柴茂，2013. 基于改进 Bass 模型的系统动力学模型与仿真 [J]. 统计与决策，29（13）：21-24.

[114] 王砚羽，谢伟，2013. 电子商务模式模仿者与创新者竞争动态研究——当当网和亚马逊中国竞争演变分析 [J]. 科学学与科学技术管理，34（6）：44-51.

[115] 李刚，2012. 含有营销变量的模型研究 [D]. 北京：北京邮电大学.

[116] GRANOVETTER M, 1978. The strength of weak ties [J]. American Journal of Sociology, 78（6）：1360-1380.

[117] MORRIS S, 2000. Contagion [J]. Review of Economic Studies, 67：57-78.

[118] Conley T G, Udry C R, 2010. Learning about a new technology：pineapple in Ghana [J]. American Economic Review, 100（1）：35-69.

[119] 张晓军，2009. 基于复杂网络的创新扩散随机阈值模型研究 [D]. 成都：电子科技大学.

[120] 何铮，张晓军，吴易明，2013. 新产品扩散随机阈值模型的实证研究 [J]. 系统管理学报，22（1）：39-45，52.

[121] 刘丹，盛琪然，忻展红，等，2014. 基于双阈值修正模型的新产品扩散实证研究 [J]. 中国通信，11（12）：44-53.

[122] YOUNG H P, 1996. The economics of conventions [J]. Journal of Economic Perspective,10（2）：105-122.

[123] BURKE M A, FOURNIER G M, PRASAD K, 2006. The emergence of local norms in networks[J].Complexity, 11（5）:65-83.

[124] DROSTE E, GILLES R P, JOHNSON C, 2000. Evolution of conbentions

in endogenous social networks [z]. Unpublished Manuscript, Center, Tibury University, The Netherlands.

[125] MOYANO L G, SANCHEZ A, 2009. Evolving learning rules and emergence of cooperation in spatial prisoner's dilemma [J]. Journal of Theoretical Biology, 259（1）：84−95.

[126] AXELROD R M, 2006. The evolution of cooperation [M]. New York：Basic books.

[127] NOWAK MA, TARNITA C E, ANTAL T, 2010. Evolutionary dynamics in structured populations [J]. Philosophical Transactions of the Royal Society B：Biological Sciences, 365（1537）：19−30.

[128] 张震，苏慧文，2011. 技术扩散的博弈分析 [J]. 科技经济市场，（3）：75−76.

[129] SANTOS M D, SANTOS F C, PACHECO J M, 2010. Collective evolutionary dynamics and spatial reciprocity under the N−person snowdrift game [C]// SUZUKI J, NAKANO T. Bio−Inspired Models of Network, Information, and Computing Systems, Springer, Berlin, Heidelbery（87）：178−188.

[130] 常悦，鞠晓峰，2013. 技术转让模式下技术创新扩散的博弈分析 [J]. 东北农业大学 学报 .44（8）：143−146.

[131] 王保林，詹湘东，2013. 知识的效能和互补性对知识扩散的影响——基于协调博弈的视角 [J]. 科学学与科学技术管理 .34（7）45−51.

[132] 徐建中，徐莹莹，2015. 基于演化博弈理论的低碳技术创新链式扩散机制研究 [J]. 科技管理研究 .35（6）:17−25.

[133] LEIBENSTEIN H, 1950. Bandwagon snob and Veblen effects in the theory of consumers' demand [J]. The Quarterly Journal of Economics, 64（2）：183−207.

[134] ABRAHAMSON E, ROSENKOPF L, 1997. Social network effects on the extent of innovation diffusion: a computer simulation [J]. Organization Science, 8（3）：289−309.

[135] 赵良杰，武邦涛，陈忠，等，2010. 从众效应下的创新扩散研究 [J]. 科技管理研究 .30（6）：9−11，15.

[136] 张鸽萍，2015. 从众效应在网络传播活动中的作用机制研究 [J]. 西部广播电

视，36（8）：10-12.

[137] CHO Y, HWANG J, LEE D, 2012. Identification of effective opinion leaders in the diffusion of technological innovation：a social network approach [J], Technological Forecasting & Social Change, 79（1）：97-106.

[138] ALKMADE F, CASTALDI C, 2005. Strategies for the diffusion of innovation on social networks [J]. Comput Econ, 25（1-2）：3-23.

[139] 赵正龙，2008. 基于复杂社会网络的创新扩散模型研究 [D]. 上海：上海交通大学.

[140] BRISTOR J M, 1990. Enhanced explanations of word of mouth communications：The power of relationships [J]. Research in Consumer Behavior, 4（1）：51-83.

[141] FUDENBERG D, LEVINE D, 1998. The theory of learning in games[M]. Cambridge：MIT Press.

[142] ASSAEL H, 1992. Consumer behavior and marketing action [M]. Boston MA：PWS-KENT Publishing Company.

[143] SMITH D, MINON S, SIVAKUMAR, 2005. Online peer and editorial recommendations, trust and choice in virtual markets [J]. Journal of interactive marketing, 19（3）：15-37.

[144] W F V, 2005. Postswitching Negative Word of Mouth [J]. Journal of Service Research, 8（1）：67-78.

[145] 张磊，蒋景肖，高伟，等，2012. 低碳能源技术在我国农村地区扩散中的口碑效应研究——以太阳能热水器为例 [J]. 软科学，26（4）：39-43.

[146] 丁海欣，2013. 考虑负面口碑的创新扩散模型 [J]. 现代管理科学，（8）：74-76.

[147] 卢长宝，李娜，2014. 社交媒体负面口碑的传播机制及理论模型研究 [J]. 福建农林大学学报（哲学社会科学版），17（4）：46-53.

[148] 傅家骥，1998. 技术创新学 [M]. 北京：清华大学出版社.

[149] 罗杰斯，2002. 创新的扩散 [M]. 北京：中央编译出版社.

[150] DEKIMPE M G, PARKER P M, SARVARY M, 2000. Global diffusion of technological innovations[J]. Journal of Marketing, 37（1）：47-59.

[151] STONEMAN P, 1983. The economic analysis of technology policy[M].Xford：Oxford University Press.

[152] SCHOLTZ T W, 1990. 人力资本投资 [M]. 北京：商务印书馆, 79−86.

[153] METCALFE J S, 1984. Technological innovation and the competitive process[J]. Greek Economic Review, 6(3):287−316.

[154] 杨敬辉，武春友，2006. 附随扩散模型及其对移动上网用户扩散的实证研究 [J]. 管理评论，18（10）：18−22，17，63.

[155] 赵维双，2006. 技术创新扩散的环境与机制 [M]. 北京：中国社会科学出版社.

[156] 马永红，王展昭，周文，2015. 基于扩散源视角的技术创新扩散系统基模构建及政策解析研究 [J]. 科学学与科学技术管理，36（4）：75−84.

[157] 王展昭，马永红，2015. 基于系统动力学方法的技术创新扩散模型构建及仿真研究 [J]. 科技进步与对策，32（19）.

[158] 黄玮强，2009. 基于复杂社会网络的创新扩散研究 [D]. 沈阳：东北大学.

[159] ERDOS P, RENYI A, 1960. On the Evolution of Random Graphs [J]. Publications of the Mathematical Institute of the Hungarian Academy of Science, 5（1）：17−61.

[160] KIESLING E, GVNTHER M, STUMMER C, et al, 2012. Agent−based simulation of innovation diffusion：a review [J]. Central European Journal of Operations Research, 20（2）：183−230.

[161] SCHREINEMACHERS P, POTCHANASIN C, BERGER T, et al, 2010. Agent−based modeling for ex ante assessment of tree crop innovations: litchis in northern Thailand[J]. Agricultrual Economics, 41（6）：519−536.

[162] AMINI M, WAKOLBINGER T, RACER M, et al, 2010. Alternative supply chain production−sales policies for new product diffusion: an agent−based modeling and simulation approach[J]. European Journal of Operational Research. 216（2）：301−311.

[163] KIM S, LEE K, CHO J K, et al, 2011. Agent−based diffusion model for an automobile market with fuzzy TOPSIS−based product adoption process[J]. Expert Systems with Applications, 38（6）：7270−7276.

[164] BOHLMANN J D, CALANTONE R J, ZHAO M, 2010. The effects of market network heterogeneity on lnnovation diffusion：an agent−based modeling approach.[J] Journal of Product Innovation Management, 27（5）：741−760.

[165] RAND W, RUST R T, 2011. Agent−based modeling in marketing：guidelines

for rigor[J]. International Journal of Research in Marketing, 28（3）：181–193.

[166] ZHANG T, GENSLER S, GARCIA R, 2011. A study of the diffusion of alternative fuel vehicles：an agent–based modeling approach[J]. Journal of Product Innovation Management, 28（2）：152–168.

[167] GOLDENBERG J, LIBAI B, SOLOMON S, et al, 2000. Marketing percolation [J]. Physica A, 284（1–4）：335–347.

[168] KUANDYKOV L, SOKOLOV M, 2010. Impact of social neighborhood on diffusion of innovation S–curve[J]. Decision Support Systems, 48（4）：531–535.

[169] GUSEO R, MORTARINO C, 2012. Sequential market entries and competition modeling in multi–innovation diffusions[J]. European Journal of Operational Research, 216（3）：658–667.

[170] 汪小帆，李翔，陈关荣，2006. 复杂网络理论及其应用 [M]. 北京：清华大学出版社 .

[171] 李青，2014. 复杂网络上的相继故障模型及鲁棒性研究 [D]. 沈阳：沈阳理工大学 .

[172] KATZ M L, SHAPIRO C, 1985. Network externalities, competition, and compatibility [J]. The American Economic Review, 75（3）：424–440.

[173] PARK S, 2004. quantitative analysis of network externalities in competing technologies：the VCR case [J]. Review of Economics and Statistics, 86（4）：937–945.

[174] TUCKER C, 2008. Identifying formal and informal influence in technology adoption with network externalities [J]. Management Science, 54（12）：2024–2038.

[175] BIRKE D, SWANN G M P, 2006. Network effects and the choice of mobile phone operator [J]. Journal of Evolutionary Economics, 16（1–2）：65–84.

[176] LEE Y H, HSIEH Y C, Hsu C N, 2011. Adding innovation diffusion theory to the technology acceptance model：supporting employees' intentions to use–learning systems[J]. Educational Technology & Society, 14（4）：124–137.

[177] GOLDENBERG J, LIBAI B, MULLER E, 2001. Using complex systems analysis to advance marketing theory development: modeling heterogeneity

effects on new product growth through stochastic cellular automata[J]. Academy of Marketing Science Review, 9(3):1−18.

[178] SWAMINATHAN V, 2003. The impact of recommdendation agents on consumer evaluation and choice：the moderating role of category risk, product complexity, and consumer knowledge[J]. Journal of Consumer Psychology, 13（1）：93−101.

[179] MOTOHASHI K, LEE D R, SAWNG Y W, et al, 2012. Innovative converged service and its adoption, use and diffusion：a holistic approach to diffusion of innovations, combining adoption−diffusion and use−diffusion paradigms[J]. Journal of Business Economics and Management, 12（2）：308−333.

[180] GUPTA S, ANDERSON R M, MAY R M, 1989. Network of sexual contacts：implications for the pattern of spread of HIV [J]. AIDS, 3（12）：807−817.

[181] Weimann G, TUSTIN D H, VUUREN D, et al, 2007. Looking for opinion leaders：traditional vs. modern measures in traditional societies [J]. International Journal of Public Opinion Research, 19（2）：173−90.

[182] GOLDENBERG J, LIBAI B, MOLDOVAN S,et al, 2007. The NPV of bad news[J]. International Journal of Research in Marketing, 24（3）：186−200.

[183] KRENG V B, WANG B J, 2013. An innovation diffusion of successive generations by system dynamics−an empirical study of Nike Golf Company [J]. Technological Forecasting & Social Change,（80）：77−87.

[184] 林丕, 2002.论产品质量概念的历史性转变——兼论企业的绿色经营问题[J]. 北京行政学院学报,（5）：35−37.

[185] ROGERS E M, 1995. Diffusion of lnnovations[M] New York：Free Press.

[186] WATTS D J, PETER S D, NEWMAN M E J, 2002. Identity and search in social networks [J]. Science, 296（5571）：1302−1305.

[187] ALKEMADE F, CASTALDI C, 2005. Strategies for the diffusion of innovation on social networks [J]. Comput Econ, 25（1−2）：3−23.

[188] COWAN R, JONARD N, 2004. Network structure and the diffusion of knowledge [J]. J Econ Dyn Control, 28（8）：1557−1575.

[189] DELRE S A, JAGER W, JANSSEN M A, 2007. Diffusion dynamics in small world networks with heterogeneous consumers [J]. Comput Math Organ Theory,

13（2）：185−202.

[190] MOORE C, NEWMAN M E J, 2000. Epidemics and percolation in small−world networks [J]. Phys. Rev. E, 6:（5）：5678−5682.

[191] TSAI J−M, HUNG S−W, 2014. A novel model of technology diffusion：System dynamics perspective for cloud computing [J]. Journal of Engineering and Technology Management,（33）：47−62.

[192] 张晓军，李仕明，何铮，2009. 基于复杂网络的创新扩散特征 [J]. 系统管理学报，18（2）：186−192.

[193] 邢怀滨，苏竣，2004. 技术创新微观机制的网络分析 [J]. 科学学研究，22（3）：322−326.

[194] TONG H, 2015. Threshold models in time series analysis—some reflections [J]. Journal of Econometrics, 18:（2）：485−491.

[195] VALENTE T W, 1996. Social network thresholds in the diffusion of innovations[J]. Social Networks, 18（1）：69−89.

[196] 何铮，张晓军，吴易明，2013. 新产品扩散随机阈值模型的实证研究 [J]. 系统管理学报，22（1）：39−45，52.

[197] GRANOVETTER M, 1978. Threshold models of collective behavior[J].The American Journal of Sociology, 83（6）：1360−1380.

[198] 马永红，王展昭，2014. 区域创新系统与区域主导产业互动的机理及绩效评价研究 [J]. 软科学，28（5）：78−83.

[199] AGARWAL R, BAYUS B L, 2002. The market evolution and sales takeoff of product Innovation [J]. Manage Sci, 48（8）：1024–1041.

[200] TELLIS G J, STREMERSCH S, YIN E, 2003. The international takeoff of new products：the role of economics, culture, and country innovativeness [J]. Mark Sci, 22（2）：188−208.

[201] GOLDER P N, TELLIS G J, 1997. Will it ever fly? Modelling the takeoff of really new consumer durables [J]. Mark Sci, 16（3）：256–70.

[202] ROGERS E M, 2003. Diffusion of innovations [M]. New York：Free Press.

[203] GOLDER P N, TELLIS G J, 2004. Growing, growing, gone：cascades, diffusion, and turning points in the product life cycle[J]. Mark Sci, 23（2）：207−218.

[204] 胡知能，张鹏，2012.新产品跨区域扩散的促销策略优化 [J]. 工业工程与管理，17（5）:104−111.

[205] LAZARSFELD P F, BERELSON B, GAUDET H, 1944. The people's choice：how the voter makes up his mind in a presidential campaign [M]. New York：Columbia University Press.

[206] ARNDT J, 1967. Role of product−related conversations in the diffusion of a new product [J]. Journal of Marketing Research, 4（1）, 291−295.

[207] SHOHAM A, RUVIO A, 2008. Opinion leaders and followers：a replication and extension [J]. Psychology and Marketing, 25（3）：280−297.

[208] 洪荣照，2008. 网络意见领袖量表构建于特征研究 [D]. 台北：台北科技大学 .

[209] 王珏，曾剑平，周葆华，等，2011. 基于聚类分析的网络论坛意见领袖发现方法 [J]. 计算机工程，37（5）：44−46，49.

[210] 丁雪峰，胡勇，赵文，等，2010. 网络舆论意见领袖特征研究 [J]. 四川大学学报（工程科学版），42（2）：145−149.

[211] 肖宇，许炜，夏霖，2011. 网络社区中的意见领袖特征分析 [J]. 计算机工程与科学，33（1）：150−156.

[212] 罗晓光，溪璐路，2012.基于社会网络分析方法的顾客口碑意见领袖研究 [J]. 管理评论，24（1）：75−81.

[213] 桑亮，许正林，2011. 微博意见领袖的形成机制及其影响 [J]. 新闻与传播研究（3）：12−14.

[214] CHAN K K, MIRSA S, 1990. Characteristics of the opinion leader：a new dimension [J]. Journal of Advertising, 19（3）：53−60.

[215] WEIMANN G, 1994. The influentials：people who influence people [M]. New York：State University of New York Press.

[216] ROGERS E M, CARTANO D G, 1962. Methods of measuring opinion leadership [J]. Public Opinion Quarterly, 26（3）：435−441.

[217] KING C W, SUMMERS J O, 1970. Overlap of opinion leadership across consumer product categories [J]. Journal of Marketing Research, 7（1）：43−51.

[218] GOLDSMITH R E, FLYNN L R, GOLDSMITH E B, 2003. Innovative consumers and market mavens [J]. Journal of Marketing Theory and Practice, 11（4）：54−65.

[219] 余红, 2008. 网络论坛舆论领袖筛选模型初探 [J]. 新闻与传播研究, 15（2）: 66-75.

[220] 宁连举, 万志超, 2013. 基于团购商品评论的网络意见领袖识别 [J]. 情报杂志, 32（8）: 204-207.

[221] Weimann G, TUSTIN DH, VUUREN D, et al, 2007. Looking for opinion leaders: traditional vs. modern measures in traditional societies [J]. International Journal of Public Opinion Research, 19（2）: 73-90.

[222] WATTS D J AND DODDS PS, 2007. Influentials, networks and public opinion formation [J]. Journal of Consumer Research, 34（4）: 441-458.

[223] 王朋, 王晛, 孙骅, 2008. 惯性购买市场中的品牌竞争扩散模型 [J]. 系统工程, 26（8）: 88-92.

[224] 艾兴政, 唐小我, 1998, 2000. 两种产品竞争与扩散模型研究 [J]. 电子科技大学学报, 27（4）: 440-444.

[225] 艾兴政, 唐小我 . 广告媒介下两种产品竞争与扩散模型研究 [J]. 管理工程学报, 14（3）: 19-22.

[226] 王朋, 2004. 习惯性或忠诚性购买行为下的新产品扩散 [J]. 科研管理, 25（5）: 12-17, 7.

[227] AAKER DA, KELLER K L, 1990. Consumer evaluations of brand extensions [J]. Journal of Marketing , 54（1）: 27-41.

[228] TEMPORAL P, 2002. Advanced brand management [M]. Singapore: Jone Wiley & Sons Asia Pte Ltd, 67-68.

[229] 张继焦, 2002. 成功的品牌管理 [M]. 北京: 中国物价出版社 .

[230] 蒲应钦, 冯安, 胡知能, 2011. 非耐用品重复购买扩散的最优动态价格策略 [J]. 系统工程, 29（11）: 34-39.

[231] 周英男, 罗小利, 张秀珍, 2012. 重复购买 logit 扩散模型应用分析 [J]. 科研管理, 33（4）: 73-79.

附　录

附录1　仿真分析的核心程序一

基于复杂网络的产品质量与产品创新扩散关系研究的部分仿真代码：

```
to setup
 ca
 set infinity 9999999
 crt num−nodes [
 set size 0.5
 set color green
 setxy ( random−xcor * 0.95 ) ( random−ycor * 0.95 )
 set adopter? false
 set new? false]
 set−default−shape turtles "circle"
 value
 reset−ticks
end
to m−c−n
 ask turtles with [new? = false][
   create−links−with turtles with[self > myself and new? = false]]
end
```

```
to m-i-r-n
  let n  0
  while [n < count turtles]
  [
    ask turtle n [create-link-with turtle ( ( n + 1 ) mod count turtles ) ]
    ask turtle n [create-link-with turtle ( ( n + 2 ) mod count turtles ) ]
    ask turtle n [create-link-with turtle ( ( n + 3 ) mod count turtles ) ]
    ask turtle n [create-link-with turtle ( ( n + 4 ) mod count turtles ) ]
    set n n + 1
  ]
end
to c-B-n
  clear-links
  ask turtles [set new? true]
  ask n-of initial-num-nodes turtles [set new? false]
  make-coupling-network
 repeat ( num-nodes - initial-num-nodes ) [
  set turtle-list[]
  ask turtles with [new? = false][
     repeat  count  link-neighbors  [set turtle-list  lput who turtle-list]
     ]
  if any? turtles with [new? = true] [ask one-of turtles with [new? = true][
  let n-0 one-of turtle-list
  repeat m-0 [set n-0 one-of turtle-list
     create-link-with  turtle n-0
     set turtle-list remove n-0 turtle-list]
    set new? false]]]
  do-plots-dfb
end
to c-s-w
  ask links [die]
```

```
make-initial-regular-network
ask links
  [
  if ( random-float 1 ) < rewiring-probability
  [
      let node1 end1
      let node2 one-of turtles with [ ( self != node1 ) and ( not link-neighbor?
node1 ) ]
        if [count link-neighbors] of end1 < ( count turtles - 1 )
          [
          ask node1 [create-link-with node2 [set color gray + 2]]
          set rewired? true
          ]
        if rewired?
          [
            die]]]
  do-plots-dfb
  end
  to improve-clustering-coefficient
  ask turtles [
    let hood link-neighbors
    if count links with [ in-neighborhood? hood ] < ( ( count hood ) * ( count
hood - 1 ) ) * 0.5[
        ask link-neighbors [create-links-with hood with[self > myself and
random-float 1 < 0.03]]]]
  end
  to-report in-neighborhood? [ hood ]
  report ( member? end1 hood and member? end2 hood )
  end
  to value
  reset-ticks
```

177

```
    ask turtles [
      set color green
      set adopter? false
      set wait? false
      set information? false
      set neighbor-utility 0]
    ask turtles with [adopter? = false][
    set preference  random-normal 0.5 0.1
    set P-b random-normal P-b-change 0.1
    set P-h random-normal P-h-change 0.1
    set total-threshold random-normal 0.5 0.1]
    set quality max [preference] of min-n-of innovators turtles [preference]
    ask turtles with [adopter? = false][
    ifelse preference <= quality [set product-utility 1][set product-utility 0]
    set total-utility P-b * neighbor-utility +( 1 - P-b ) * product-utility]
  end
  to z-value
    ask turtles [
      set color green
      set adopter? false
      set wait? false
      set information? false
      set neighbor-utility 0
      set caculat false]
  end
  to-report thre-point
    report min [preference] of max-n-of innovators turtles [preference]
  end
  to-report degree-distribution-turtles-number
    let degree-list []
    let max-degree max [count link-neighbors] of turtles
```

```
    while [max-degree >= 0][
        set degree-list fput ((( count turtles with [count link-neighbors = max-
degree] )) / count turtles ) degree-list
        set max-degree max-degree - 1]
    report degree-list
  end
  to-report degree-distribution-degree-list
    let max-degree-list []
    let max-degree max [count link-neighbors] of turtles
    while [max-degree >= 0][
        set max-degree-list lput max-degree max-degree-list
        set max-degree max-degree - 1]
    report max-degree-list
  end
  to find-average-path-length
    ask turtles[
        set distance-from-other-turtles []
    ]
    let i 0
    let j 0
    let k 0
    let node1 one-of turtles
    let node2 one-of turtles
    let node-count count turtles
    while [i < node-count][
        set j 0
        while [j < node-count][
            set node1 turtle i
            set node2 turtle j
            ifelse i = j[
                ask node1 [
```

```
        set distance−from−other−turtles lput 0 distance−from−other−turtles]
  ][
    ifelse[link−neighbor? node1] of node2[
  ask node1 [set distance−from−other−turtles lput 1 distance−from−other−
turtles]][
        ask node1 [set distance−from−other−turtles lput infinity distance−
from−other−turtles]
      ]
    ]
    set j j + 1
  ]
  set i i + 1
]
set i 0
set j 0
let dummy 0
while [k < node−count][
  set i 0
  while [i < node−count][
    set j 0
    while [j < node−count][
      set dummy ((item k [distance−from−other−turtles] of turtle i) + (item
j [distance−from−other−turtles] of turtle k))
        if dummy <(item j [distance−from−other−turtles] of turtle i) [
        ask turtle i[
            set distance−from−other−turtles replace−item j distance−from−
other−turtles dummy]
      ]
      set j j + 1
    ]
    set i i + 1
```

```
    ]
      set k k + 1
    ]
  let num-connected-pairs sum [length remove infinity ( remove 0 distance-
from-other-turtles ) ]of turtles
      set average-path-length sum [sum remove infinity distance-from-other-
turtles]of turtles / ( num-connected-pairs )
    end
    to S-u-e
      ask turtles with [adopter? = false][
      ifelse count link-neighbors > 0
      [ifelse count link-neighbors with [adopter? = true] / count link-neighbors
>= P-h[set neighbor-utility  1][set neighbor-utility  0]]
      [set neighbor-utility 0 ]
        set total-utility ( P-b * neighbor-utility + ( 1 - P-b ) * product-
utility ) ]
    end
    to i-d
     ask turtles[
        if any? link-neighbors with [adopter? = true][
          set information?  true]]
      ask turtles with[information? = false][ifelse ticks != attack-time[
        if random-float 1 < mass-p [
          set information?  true]][
          if random-float 1 < attack-strengh [set information?  true]]]
    end
    to C-D
      ask turtles with[adopter? = false and information? = true][
      if total-utility >=  total-threshold[
        set color black
        set wait? true]]
```

```
    ask turtles with [wait? = true][
      if random-float 1 < Predictive-probability[
      set color red
      set wait? false
      set adopter? true]]
    end


  to-report find-clustering-coefficient
   ifelse all? turtles [count link-neighbors <= 1]
   [
     set clustering-coefficient 0
   ]
   [
     let total 0
     ask turtles with [ count link-neighbors > 1]
      [
        let hood link-neighbors
          set node-clustering-coefficient ( 2 * count links with [ in-
neighborhood? hood ] /
                        (( count hood ) * ( count hood - 1 )) )
         set total total + node-clustering-coefficient
      ]
       set clustering-coefficient total / count turtles with [count link-neighbors
> 1]
     ]
    report clustering-coefficient
   end
   to-report find-average-degree
    let total 0
    ask turtles [
     set node-degree count link-neighbors
```

```
    set total total + node-degree
  ]
  set average-degree total / count turtles
  report average-degree
end
to do-plots-dfb
  set-current-plot "plot 1"
  set-current-plot-pen "pen-0"
  plot-degree-distribution
end


to plot-degree-distribution

  let max-degree max [count link-neighbors] of turtles
  let degree 1
  while [degree <= max-degree] [
    let matches turtles with [count link-neighbors = degree]

  if any? matches
      [ plotxy log degree 10
            log ( count matches ) 10 ]
    set degree degree + 1
  ]
  end
  to mean-diffusion-speed
    set speed-list ( list speed-1 speed-2 speed-3 speed-4 speed-5 speed-6
speed-7 speed-8 speed-9 speed-10 speed-11 speed-12 speed-13 speed-14
speed-15 speed-16 speed-17 speed-18 speed-19 speed-20 )
    set mean-speed ( speed-1 + speed-2 + speed-3 + speed-4 + speed-5 +
speed-6 + speed-7 + speed-8 + speed-9 + speed-10 + speed-11 + speed-12
+ speed-13 + speed-14 + speed-15 + speed-16 + speed-17 + speed-18 +
```

speed−19 + speed−20) / 20

set deep−list (list item (loop−times − 1) list−1 item (loop−times − 1) list−2 item (loop−times − 1) list−3 item (loop−times − 1) list−4 item (loop−times − 1) list−5 item (loop−times − 1) list−6 item (loop−times − 1) list−7 item (loop−times − 1) list−8 item (loop−times − 1) list−9 item (loop−times − 1) list−10

item (loop−times − 1) list−11 item (loop−times − 1) list−12 item (loop−times − 1) list−13 item (loop−times − 1) list−14 item (loop−times − 1) list−15 item (loop−times − 1) list−16 item (loop−times − 1) list−17 item (loop−times − 1) list−18 item (loop−times − 1) list−19 item (loop−times − 1) list−20)

set mean−deep ((item (loop−times − 1) total−list) / 20) / num−nodes

set−current−plot "many−diffusion−speed"

set−current−plot−pen "pen−1"

let n 0

while [n <= 19][

plotxy 5

    item n speed−list

    set n n + 1]

set−current−plot−pen "pen−2"

set n 0

while [n <= 19][

plotxy 10

    (item n deep−list) / num−nodes

    set n n + 1]

set n 0

 while [n < loop−times][

    ifelse ((item n total−list) / 20) >= (0.95 * ((item (loop−times − 1) total−list) / 20)) [set speed−leiji 1 / n set n loop−times]

    [set n n + 1]

  ]

end

附录 2　仿真分析的核心程序二

基于复杂网络的促销活动与产品创新扩散关系研究的部分仿真代码:

```
to setup
  ca
  set infinity 9999999
  crt num-nodes [
  set size 0.5
  set color green
  setxy ( random-xcor * 0.95 ) ( random-ycor * 0.95 )
  set adopter? false
  set new? false
   ]
  set-default-shape turtles "circle"
  value
  reset-ticks
end
to m-i-r-n
  let n  0
  while [n < count turtles]
  [
    ask turtle n [create-link-with turtle (( n + 1 ) mod count turtles ) ]
    ask turtle n [create-link-with turtle (( n + 2 ) mod count turtles ) ]
    ask turtle n [create-link-with turtle (( n + 3 ) mod count turtles ) ]
    ask turtle n [create-link-with turtle (( n + 4 ) mod count turtles ) ]
    set n n + 1
   ]
end
```

```
to c−s−w
  ask links [die]
  make−initial−regular−network
  ask links
   [
   if ( random−float 1 ) < rewiring−probability
   [
        let node1 end1
      let node2 one−of turtles with [ ( self != node1 ) and ( not link−neighbor?
node1 ) ]
       if [count link−neighbors] of end1 < ( count turtles − 1 )
        [
        ask node1 [create−link−with node2 [set color gray + 2]]
        set rewired? true
        ]
       if rewired?
        [
          die
        ]
      ]
     ]
    do−plots−dfb
  end
  to i−c−c
  ask turtles [
   let hood link−neighbors
   if count links with [ in−neighborhood? hood ] < ( ( count hood ) * ( count
hood − 1 ) ) * 0.5[
       ask link−neighbors [create−links−with hood with[self > myself and
random−float 1 < 0.03]]]]
   end
```

```
to-report in-neighborhood? [ hood ]
  report ( member? end1 hood and member? end2 hood )
end
 to value
 reset-ticks
 ask turtles [
   set color green
   set adopter? false
   set wait? false
   set information? false
   set neighbor-utility 0
   ]
 ask turtles with [adopter? = false][
 set preference  random-normal 0.5 0.1
 set P-b random-normal P-b-change 0.1
 set P-h random-normal P-h-change 0.1
 set total-threshold random-normal 0.5 0.1]
 set quality max [preference] of min-n-of innovators turtles [preference]
 ask turtles with [adopter? = false][
 ifelse preference <= quality [set product-utility 1][set product-utility 0]
 set total-utility P-b * neighbor-utility + ( 1 - P-b ) * product-utility]
 end
 to seeds-select
   if seeds = 0.5 [ask max-n-of seeds-num turtles [node-clustering-
coefficient][set information? true set adopter? true]]
   if seeds = 0 [ask n-of seeds-num turtles[set information? true set adopter?
true]]
   if seeds = 1 [ask max-n-of seeds-num turtles [count link-neighbors][set
information? true set adopter? true]]
   ask turtles with [adopter? = true][set color red]
   end
```

```
to-report thre-point
  report min [preference] of max-n-of innovators turtles [preference]
end
to-report degree-distribution-turtles-number
  let degree-list []
  let max-degree max [count link-neighbors] of turtles
  while [max-degree >= 0][
    set degree-list fput (( count turtles with [count link-neighbors = max-
degree] )/ count turtles ) degree-list
    set max-degree max-degree - 1]
  report degree-list
end
to-report degree-distribution-degree-list
  let max-degree-list []
  let max-degree max [count link-neighbors] of turtles
  while [max-degree >= 0][
    set max-degree-list lput max-degree max-degree-list
    set max-degree max-degree - 1]
  report max-degree-list
end
to go
  if all? turtles with [adopter? = false][total-utility <= total-threshold][stop]
  Cumulative-Diffusion
  tick
end
to S-u-e
  ask turtles with [adopter? = false][
  ifelse count link-neighbors > 0
  [ifelse count link-neighbors with [adopter? = true] / count link-neighbors
>= P-h[set neighbor-utility  1][set neighbor-utility  0]]
  [set neighbor-utility 0 ]
```

```
        set total-utility ( P-b * neighbor-utility + ( 1 - P-b ) * product-
utility ) ]
    end
    to i-d
      ask turtles[
        if any? link-neighbors with [adopter? = true][
          set information? true]]
        ask turtles with[information? = false][ifelse ( ticks < region-1 or ticks >
region-2 ) [
          if random-float 1 < mass-p [
            set information? true]][
            if random-float 1 < attack-strengh [set information? true]]]
      end
      to C-D
        ask turtles with[adopter? = false and information? = true][
        if total-utility >= total-threshold[
          set color black
          set wait? true]]
        ask turtles with [wait? = true][
          if random-float 1 < Predictive-probability[
          set color red
          set wait? false
          set adopter? true]]
      end
    to-report find-clustering-coefficient
    ifelse all? turtles [count link-neighbors <= 1]
      [
        set clustering-coefficient 0]

      [
        let total 0
        ask turtles with [ count link-neighbors > 1]
```

```
      [
         let hood link-neighbors
            set node-clustering-coefficient ( 2 * count links with [ in-
neighborhood? hood ] /
                            (( count hood ) * ( count hood - 1 )) )
         set total total + node-clustering-coefficient]
         set clustering-coefficient total / count turtles with [count link-neighbors
> 1]
      ]
    report clustering-coefficient
   end
   to-report find-average-degree
    let total 0
    ask turtles [
       set node-degree count link-neighbors
       set total total + node-degree
    ]
    set average-degree total / count turtles
   report average-degree
   to take-off
    reset-ticks
    let n-t 2
    while [n-t < loop-times][ifelse ( item n-t total-list ) * 0.05 >= 1 and item
( n-t - 1 ) total-list != 0 and (( item n-t total-list ) * 0.05 - ( item ( n-t - 1 )
total-list ) * 0.05 )/(( item n-t total-list ) * 0.05 )> 0.005[
       ifelse (( item n-t total-list ) * 0.05 - ( item ( n-t - 1 ) total-list ) * 0.05 )
/ (( item n-t total-list ) * 0.05 ) >= ( 1 - ( item n-t total-list ) * 0.05 / num-
nodes )^ 10 [set x ticks + 2 set n-t loop-times][set n-t n-t + 1]][
       set n-t n-t + 1]
    tick
      ]
```

```
  end
to plot-take-off
  set-current-plot "plot-take-off"
  set-current-plot-pen "pen-1"
  let n 1
  while [n < loop-times][
    plotxy (( item n total-list ) * 0.05 ) / num-nodes
        (( item n total-list ) * 0.05 - ( item ( n - 1 ) total-list ) * 0.05 ) /
(( item n total-list ) * 0.05 )
      set n n + 1]
  set-current-plot-pen "pen-2"
  let n-1 1
  while [n-1 < loop-times][
    plotxy (( item n-1 total-list ) * 0.05 ) / num-nodes
      ( 1 - (( item n-1 total-list ) * 0.05 / num-nodes )) ^ 10
    set n-1 n-1 + 1]
```

附录 3　仿真分析的核心程序三

基于复杂网络的意见领袖与产品创新扩散关系研究的部分仿真代码:

```
to setup
  ca
  set infinity 9999999
  crt num-nodes [
  set size 0.5
  set color green
  setxy ( random-xcor * 0.95 ) ( random-ycor * 0.95 )
  set adopter? false
  set new? true
```

```
        ]
      set−default−shape turtles "circle"
      value
      reset−ticks
    end
    to improve−clustering−coefficient
      ask turtles [
        let hood link−neighbors
        if count links with [ in−neighborhood? hood ] < (( count hood ) * ( count
hood − 1 )) * 0.5[
            ask link−neighbors [create−links−with hood with[self > myself and
random−float 1 < 0.03]]]]
      end
      to−report in−neighborhood? [ hood ]
        report ( member? end1 hood and member? end2 hood )
      end
      to value
      reset−ticks
      ask turtles [
        set color green
        set adopter? false
        set wait? false
        set information? false
        set neighbor−utility 0
        set opinion−leader? false
        set jiedingyici? false]
    end
    to z−value
      ask turtles [
        set color green
        set adopter? false
```

```
        set wait? false
        set information? false
        set neighbor-utility 0
        set caculat false
        set opinion-leader? false]
    end
    to o-l-s
     value
     ask max-n-of OL-num turtles [count link-neighbors][set opinion-leader?
true]
        ask turtles with [opinion-leader? = true and adopter? = false][
            set preference random-float 1
            set P-b random-normal P-b-change-ol 0.1
            set P-h random-normal P-h-change-ol 0.1
            set total-threshold random-float innovation-degree
            set quality 0.3
            ifelse preference <= quality [set product-utility 1][set product-utility 0]]
        ask turtles with [opinion-leader? = false and adopter? = false][
            set preference  random-float 1
            set P-b random-normal P-b-change-fol 0.1
            set P-h random-normal P-h-change-fol 0.1
            set total-threshold random-float 1
            set quality 0
            ifelse preference <= quality [set product-utility 1][set product-utility 0]]
        end
    to m-c-n
    ask turtles with [new? = false][
      create-links-with turtles with[self > myself and new? = false]]
    end
    to c-B-n
      clear-links
```

```
      ask turtles [set new? true]
      ask n-of initial-num-nodes turtles [set new? false]
      make-coupling-network
   repeat ( num-nodes - initial-num-nodes ) [
      set turtle-list[]
      ask turtles with [new? = false][
         repeat count link-neighbors [set turtle-list lput who turtle-list]
      ]
      if any? turtles with [new? = true] [ask one-of turtles with [new? = true][
      let n-0 one-of turtle-list
      repeat m-0 [set n-0 one-of turtle-list
         create-link-with turtle n-0
         set turtle-list remove n-0 turtle-list]
         set new? false]]]
      do-plots-dfb
   end
   to-report degree-distribution-turtles-number
      let degree-list []
      let max-degree max [count link-neighbors] of turtles
      while [max-degree >= 0][
         set degree-list fput (( count turtles with [count link-neighbors = max-
degree] )/ count turtles ) degree-list
         set max-degree max-degree - 1]
      report degree-list
   end
   to-report degree-distribution-degree-list
      let max-degree-list []
      let max-degree max [count link-neighbors] of turtles
      while [max-degree >= 0][
         set max-degree-list lput max-degree max-degree-list
         set max-degree max-degree - 1]
```

```
    report max-degree-list
  end
  to find-average-path-length
    ask turtles[
      set distance-from-other-turtles []
    ]
    let i 0
    let j 0
    let k 0
    let node1 one-of turtles
    let node2 one-of turtles
    let node-count count turtles
    while [i < node-count][
      set j 0
      while [j < node-count][
        set node1 turtle i
        set node2 turtle j
        ifelse i = j[
          ask node1 [
            set distance-from-other-turtles lput 0 distance-from-other-turtles]
        ][
        ifelse[link-neighbor? node1] of node2[
            ask node1 [set distance-from-other-turtles lput 1 distance-from-
other-turtles]
        ][
            ask node1 [set distance-from-other-turtles lput infinity distance-
from-other-turtles]
        ]
        ]
      set j j + 1
      ]
```

```
      set i i + 1
    ]
    set i 0
    set j 0
    let dummy 0
    while [k < node−count][
      set i 0
      while [i < node−count][
        set j 0
        while [j < node−count][
          set dummy ((item k [distance−from−other−turtles] of turtle i) + (item
j [distance−from−other−turtles] of turtle k))
          if dummy <(item j [distance−from−other−turtles] of turtle i) [
            ask turtle i[
                set distance−from−other−turtles replace−item j distance−from−
other−turtles dummy]
          ]
          set j j + 1
        ]
        set i i + 1
      ]
      set k k + 1
    ]
    let num−connected−pairs sum [length remove infinity (remove 0 distance−
from−other−turtles)]of turtles
    set average−path−length sum [sum remove infinity distance−from−other−
turtles]of turtles / (num−connected−pairs)
  end
  to go
    if all? turtles with [adopter? = false][total−utility <= total−threshold][stop]
    Cumulative−Diffusion
```

```
      tick
    end
    to S−u−e
      ask turtles with [adopter? = false][
      ifelse count link−neighbors > 0
      [ifelse count link−neighbors with [adopter? = true] / count link−neighbors
>= P−h[set neighbor−utility  1][set neighbor−utility  0]]
      [set neighbor−utility 0 ]]
    end
    to total−utility−pingjia
      ask turtles with [adopter? = false][set total−utility ( P−b * neighbor−utility
+ ( 1 − P−b ) * product−utility ) ]
    end
    to information−diffusion
     ask turtles[
       if any? link−neighbors with [adopter? = true][
        set information?  true]]
      ask turtles with[information? = false][ifelse ( ticks < region−1 or ticks >
region−2 ) [
       if random−float 1 < mass−p [
        set information?  true]][
        if random−float 1 < attack−strengh [set information?  true]]]

      ask turtles with [opinion−leader? = false][
        if any? link−neighbors with [adopter? = true or opinion−leader? = true
and information? = true][
         set quality 0.3]]
      ask turtles[
       ifelse preference <= quality [set product−utility 1][set product−utility 0]]
    end
    to Cumulative−Diffusion
```

```
ask turtles with[adopter? = false and information? = true][
  if total-utility >= total-threshold[
    set color black
    set wait? true]]
  ask turtles with [wait? = true][
    if random-float 1 < Predictive-probability[
    set color red
    set wait? false
    set adopter? true]]
end
to-report f-c-c
ifelse all? turtles [count link-neighbors <= 1]
[
  set clustering-coefficient 0
]
[
  let total 0
  ask turtles with [ count link-neighbors > 1]
  [
    let hood link-neighbors
      set node-clustering-coefficient ( 2 * count links with [ in-
neighborhood? hood ] /
    (( count hood ) * ( count hood - 1 )) )
      set total total + node-clustering-coefficient
  ]
    set clustering-coefficient total / count turtles with [count link-neighbors
> 1]
]
  report clustering-coefficient
end
to-report f-a-d
```

```
    let total 0
    ask turtles [
      set node-degree count link-neighbors
      set total total + node-degree
    ]
    set average-degree total / count turtles
    report average-degree
  end
  to do-plots-dfb
    set-current-plot "plot 1"
    set-current-plot-pen "pen-0"
    plot-degree-distribution
  end
  to plot-degree-distribution
  let max-degree max [count link-neighbors] of turtles
  let degree 1
  while [degree <= max-degree] [
    let matches turtles with [count link-neighbors = degree]
  if any? matches
      [ plotxy log degree 10
        log ( count matches ) 10 ]
    set degree degree + 1
  ]
  end
  to t-1-c
    let n 0
    set total-list[]
    while [n < loop-times][
      set total-list lput ( item n list-1 + item n list-2 + item n list-3 + item
n list-4 + item n list-5 + item n list-6 + item n list-7 + item n list-8 + item n
list-9 + item n list-10 + item n list-11 + item n list-12 + item n list-13
```

```
    + item n list-14 + item n list-15 + item n list-16 + item n list-17 +
item n list-18 + item n list-19 + item n list-20 ) total-list

    set n n + 1]

  end

  to mean-diffusion-speed

    set speed-list ( list speed-1 speed-2 speed-3 speed-4 speed-5 speed-6
speed-7 speed-8 speed-9 speed-10 speed-11 speed-12 speed-13 speed-14
speed-15 speed-16 speed-17 speed-18 speed-19 speed-20 )

    set mean-speed ( speed-1 + speed-2 + speed-3 + speed-4 + speed-5 +
speed-6 + speed-7 + speed-8 + speed-9 + speed-10 + speed-11 + speed-12
+ speed-13 + speed-14 + speed-15 + speed-16 + speed-17 + speed-18 +
speed-19 + speed-20 ) / 20

    set deep-list ( list item ( loop-times - 1 ) list-1 item ( loop-times - 1 )
list-2 item ( loop-times - 1 ) list-3 item ( loop-times - 1 ) list-4 item ( loop-
times - 1 ) list-5 item ( loop-times - 1 ) list-6 item ( loop-times - 1 ) list-7
item ( loop-times - 1 ) list-8 item ( loop-times - 1 ) list-9 item ( loop-times -
1 ) list-10

      item ( loop-times - 1 ) list-11 item ( loop-times - 1 ) list-12 item
( loop-times - 1 ) list-13 item ( loop-times - 1 ) list-14 item ( loop-times -
1 ) list-15 item ( loop-times - 1 ) list-16 item ( loop-times - 1 ) list-17 item
( loop-times - 1 ) list-18 item ( loop-times - 1 ) list-19 item ( loop-times - 1 )
list-20 )

    set mean-deep ( ( item ( loop-times - 1 ) total-list ) / 20 ) / num-nodes
    set-current-plot "many-diffusion-speed"
    set-current-plot-pen "pen-1"
    let n 0
    while [n <= 19][
    plotxy 5
      item n speed-list
      set n n + 1]
    set-current-plot-pen "pen-2"
```

```
    set n 0
    while [n <= 19][
    plotxy 10
        ( item n deep-list ) / num-nodes
        set n n + 1]
     set n 0
      while [n < loop-times][
        ifelse (( item n total-list ) / 20 ) >= ( 0.95 * (( item ( loop-times − 1 )
total-list ) / 20 )) [ set speed-leiji 1 / n set n loop-times]
        [set n n + 1]
     ]
   end
   to Mean-plots
    set-current-plot "Cumulative-Diffusion"
    set-current-plot-pen "pen-21"
    let n 0
    while [n < loop-times][
    plotxy n
        ( item n total-list ) / 20
    set n n + 1]
    set-current-plot "Mean-Cumulative-Diffusion"
    set-current-plot-pen "pen-1"
    let n−1 0
    while [n−1 < loop-times][
    plotxy n−1
        ( item n−1 total-list ) / ( 20 * num-nodes )
    set n−1 n−1 + 1]
    set-current-plot "Diffusion-Rate"
    set-current-plot-pen "pen-21"
    let n−2 0
    while [n−2 < loop-times][
```

```
ifelse n−2 = 0[
  plotxy 0
      0
  set n−2 n−2 + 1][
  plotxy n−2
    (( item n−2 total−list ) − ( item ( n−2 − 1 ) total−list )) / 20
    set n−2 n−2 + 1]]
set−current−plot "Mean−Diffusion−Rate"
set−current−plot−pen "pen−1"
let n−3 0
while [n−3 < loop−times][
  ifelse n−3 = 0[
    plotxy 0
        0
    set n−3 n−3 + 1][
  plotxy n−3
  (( item n−3 total−list ) − ( item ( n−3 − 1 ) total−list )) / 20
    set n−3 n−3 + 1]]
end
```

附录 4 仿真分析的核心程序四

基于复杂网络的品牌竞争与产品创新扩散关系研究的部分仿真代码:

```
to setup
 ca
 set infinity 9999999
 crt num−nodes [
 set size 0.5
 set color green
```

```
    setxy ( random−xcor * 0.95 ) ( random−ycor * 0.95 )
    set adopter−a? false
    set adopter−b? false
    set repeat−demand? false]
    set−default−shape turtles "circle"
    value
    reset−ticks
  end
  to m−i−r−n
    let n  0
    while [n < count turtles]
    [
      ask turtle n [create−link−with turtle ( ( n + 1 ) mod count turtles ) ]
      ask turtle n [create−link−with turtle ( ( n + 2 ) mod count turtles ) ]
      ask turtle n [create−link−with turtle ( ( n + 3 ) mod count turtles ) ]
      set n n + 1]
  end
  to c−s−w
    ask links [die]
    make−initial−regular−network
    ask links
    [
    if ( random−float 1 ) < rewiring−probability
    [

        let node1 end1
        let node2 one−of turtles with [ ( self != node1 ) and ( not link−neighbor?
node1 ) ]
        if [count link−neighbors] of end1 < ( count turtles − 1 )
        [
          ask node1 [create−link−with node2 [set color gray + 2]]
```

```
        set rewired? true]
      if rewired?
        [
          die
          ]
        ]
      ]
    do-plots-dfb
  end
to improve-clustering-coefficient
  ask turtles [
    let hood link-neighbors
    if count links with [ in-neighborhood? hood ] < (( count hood ) * ( count
hood - 1 )) * 0.5[
        ask link-neighbors [create-links-with hood with[self > myself and
random-float 1 < 0.03]]]]
  end
to-report in-neighborhood? [ hood ]
  report ( member? end1 hood and member? end2 hood )
  end
to value
  reset-ticks
  ask turtles [
    set color green
    set adopter-a? false
    set adopter-b? false
    set wait? false
    set information? false
    set repeat-demand? false
    set neighbor-utility-a 0
    set neighbor-utility-b 0
```

```
]
ask turtles with [adopter-a? = false and adopter-b? = false][
set preference  random-normal 0.5 0.1
set P-b random-normal P-b-change 0.1
set P-h random-normal P-h-change 0.1
set total-threshold random-normal 0.5 0.1]
set quality max [preference] of min-n-of innovators turtles [preference]
ask turtles with [adopter-a? = false and adopter-b? = false][
ifelse preference <= quality [set product-utility-a pro-uti-a set product-
utility-b pro-uti-b][set product-utility-a 0 set product-utility-b 0]
set total-utility-a P-b * neighbor-utility-a + ( 1 - P-b ) * product-
utility-a
set total-utility-b P-b * neighbor-utility-b + ( 1 - P-b ) * product-
utility-b]
end
to z-value
  ask turtles [
    set color green
    set adopter-a? false
    set adopter-b? false
    set wait? false
    set information? false
    set neighbor-utility-a 0
    set neighbor-utility-b 0
    set repeat-demand? false
    set caculat false]
end
to-report thre-point
   report min [preference] of max-n-of innovators turtles [preference]
end
to-report degree-distribution-turtles-number
```

```
      let degree-list []
      let max-degree max [count link-neighbors] of turtles
      while [max-degree >= 0][
        set degree-list fput (( count turtles with [count link-neighbors = max-
degree] )/ count turtles ) degree-list
        set max-degree max-degree - 1]
      report degree-list
    end
  to-report degree-distribution-degree-list
    let max-degree-list []
    let max-degree max [count link-neighbors] of turtles
    while [max-degree >= 0][
      set max-degree-list lput max-degree max-degree-list
      set max-degree max-degree - 1]
    report max-degree-list
  end
  to find-average-path-length
    ask turtles[
      set distance-from-other-turtles []
    ]
    let i 0
    let j 0
    let k 0
    let node1 one-of turtles
    let node2 one-of turtles
    let node-count count turtles
    while [i < node-count][
      set j 0
      while [j < node-count][
        set node1 turtle i
        set node2 turtle j
```

```
    ifelse i = j[
      ask node1 [
        set distance-from-other-turtles lput 0 distance-from-other-turtles]
    ][
      ifelse[link-neighbor? node1] of node2[
          ask node1 [set distance-from-other-turtles lput 1 distance-from-
other-turtles]
      ][
          ask node1 [set distance-from-other-turtles lput infinity distance-
from-other-turtles]
      ]
      ]
      set j j + 1
      ]
    set i i + 1
    ]
    set i 0
    set j 0
    let dummy 0
    while [k < node-count][
      set i 0
      while [i < node-count][
        set j 0
        while [j < node-count][
          set dummy ((item k [distance-from-other-turtles] of turtle i)+(item
j [distance-from-other-turtles] of turtle k))
          if dummy <(item j [distance-from-other-turtles] of turtle i) [
            ask turtle i[
              set distance-from-other-turtles replace-item j distance-from-
other-turtles dummy]
          ]
```

```
        set j j + 1
    ]
    set i i + 1
]
    set k k + 1
]
```

let num−connected−pairs sum [length remove infinity（remove 0 distance−from−other−turtles）]of turtles

set average−path−length sum [sum remove infinity distance−from−other−turtles]of turtles /（num−connected−pairs）

end

to S−u−e

ask turtles with [adopter−a? = false and adopter−b? = false][

ifelse count link−neighbors with [adopter−a? = true] > 0

[ifelse count link−neighbors with [adopter−a? = true] / count link−neighbors >= P−h[set neighbor−utility−a 1][set neighbor−utility−a 0]]

[set neighbor−utility−a 0]

ifelse count link−neighbors with [adopter−b? = true] > 0

[ifelse count link−neighbors with [adopter−b? = true] / count link−neighbors >= P−h[set neighbor−utility−b 1][set neighbor−utility−b 0]]

[set neighbor−utility−b 0]

set total−utility−a（P−b * neighbor−utility−a +（1 − P−b）* product−utility−a）

set total−utility−b（P−b * neighbor−utility−b +（1 − P−b）* product−utility−b）]

end

to i−d

ask turtles with[information? = false][ifelse（ticks < region−1 or ticks > region−2）[

if random−float 1 < mass−p [

set information? true]][
```
```

```
        if random-float 1 < attack-strengh [set information? true]]]
    end
    to C-D

        ask turtles with[adopter-a? = false and adopter-b? = false and
information? = true][
        ifelse ticks < enter-time [
        if total-utility-a >= total-threshold[
        set color red
        set adopter-a? true]][
            if total-utility-a >= total-threshold and total-utility-b < total-
threshold[
            set color red
            set adopter-a? true ]
            if total-utility-b >= total-threshold and total-utility-a >= total-
threshold and total-utility-a = total-utility-b[
                ifelse random-float 1 < 0.5 [set color red set adopter-a? true][set
color violet set adopter-b? true]]
            if total-utility-b >= total-threshold and total-utility-a < total-
threshold[
            set color violet
            set adopter-b? true]
            if total-utility-b >= total-threshold and total-utility-a >= total-
threshold and total-utility-a > total-utility-b[
            set color red
            set adopter-a? true]
            if total-utility-b >= total-threshold and total-utility-a >= total-
threshold and total-utility-a < total-utility-b[
            set color violet
            set adopter-b? true]]]
        ask turtles with [repeat-demand? = false] [ if random-float 1 < repeat-
```

```
probability [set repeat-demand? true]]
        ask turtles with[adopter-a? = true and adopter-b? = false and repeat-
demand? = true][
        if ticks >= enter-time and total-utility-a >= total-threshold and total-
utility-b >= total-threshold[
            if total-utility-b - total-utility-a > switching-cost[
            set repeat-demand? false
            set color violet
            set adopter-a? false
            set adopter-b? true]]]
        ask turtles with[adopter-b? = true and adopter-a? = false and repeat-
demand? = true][
        if ticks >= enter-time and total-utility-a >= total-threshold and total-
utility-b >= total-threshold[
            if total-utility-a - total-utility-b > switching-cost[
            set repeat-demand? false
            set color red
            set adopter-a? true
            set adopter-b? false]]]
    end
  to-report find-clustering-coefficient
  ifelse all? turtles [count link-neighbors <= 1]
  [set clustering-coefficient 0]
  [
    let total 0
    ask turtles with [ count link-neighbors > 1]
    [
      let hood link-neighbors
        set node-clustering-coefficient ( 2 * count links with [ in-
neighborhood? hood ] /
                        (( count hood ) * ( count hood - 1 )) )
```

```
      set total total + node−clustering−coefficient]
      set clustering−coefficient total / count turtles with [count link−neighbors
> 1]]
   report clustering−coefficient
   end
   to−report find−average−degree
     let total 0
     ask turtles [
       set node−degree count link−neighbors
       set total total + node−degree
     ]
     set average−degree total / count turtles
     report average−degree
   end
   to do−plots−dfb
     set−current−plot "plot 1"
     set−current−plot−pen "pen−0"
     plot−degree−distribution
   end
   to plot−degree−distribution

     let max−degree max [count link−neighbors] of turtles
     let degree 1
     while [degree <= max−degree] [
       let matches turtles with [count link−neighbors = degree]
       if any? matches
         [ plotxy log degree 10
               log ( count matches ) 10 ]
         set degree degree + 1
     ]
   end
```

```
to total−list−caculation
    let n 0
    let n−1 0
    set total−list−a[]
    set total−list−b[]
    while [n < loop−times][
        set total−list−a lput ( item n list−1 + item n list−2 + item n list−3 + item
n list−4 + item n list−5 + item n list−6 + item n list−7 + item n list−8 + item n
list−9 + item n list−10 + item n list−11 + item n list−12 + item n list−13
            + item n list−14 + item n list−15 + item n list−16 + item n list−17 +
item n list−18 + item n list−19 + item n list−20 ) total−list−a
        set n n + 1]
    while [n−1 < loop−times][
        set total−list−b lput ( item n−1 list−1−1 + item n−1 list−2−2 + item n−1
list−3−3 + item n−1 list−4−4 + item n−1 list−5−5 + item n−1 list−6−6 + item
n−1 list−7−7 + item n−1 list−8−8 + item n−1 list−9−9 + item n−1 list−10−10 +
item n−1 list−11−11 + item n−1 list−12−12 + item n−1 list−13−13
            + item n−1 list−14−14 + item n−1 list−15−15 + item n−1 list−16−16 +
item n−1 list−17−17 + item n−1 list−18−18 + item n−1 list−19−19 + item n−1
list−20−20 ) total−list−b
        set n−1 n−1 + 1]
    end
    to m−d−d
    set mean−speed−a ( speed−1 + speed−2 + speed−3 + speed−4 + speed−5
+ speed−6 + speed−7 + speed−8 + speed−9 + speed−10 + speed−11 + speed−12
+ speed−13 + speed−14 + speed−15 + speed−16 + speed−17 + speed−18 +
speed−19 + speed−20 )/ 20
    set mean−speed−b ( speed−1−1 + speed−2−2 + speed−3−3 + speed−4−4
+ speed−5−5 + speed−6−6 + speed−7−7 + speed−8−8 + speed−9−9 +
speed−10−10 + speed−11−11 + speed−12−12 + speed−13−13 + speed−14−14 +
speed−15−15 + speed−16−16 + speed−17−17 + speed−18−18 + speed−19−19 +
```

speed−20−20) / 20

    set deep−list−a (list item (loop−times − 1) list−1 item (loop−times − 1) list−2 item (loop−times − 1) list−3 item (loop−times − 1) list−4 item (loop−times − 1) list−5 item (loop−times − 1) list−6 item (loop−times − 1) list−7 item (loop−times − 1) list−8 item (loop−times − 1) list−9 item (loop−times − 1) list−10

        item (loop−times − 1) list−11 item (loop−times − 1) list−12 item (loop−times − 1) list−13 item (loop−times − 1) list−14 item (loop−times − 1) list−15 item (loop−times − 1) list−16 item (loop−times − 1) list−17 item (loop−times − 1) list−18 item (loop−times − 1) list−19 item (loop−times − 1) list−20)

    set mean−deep−a (((item (loop−times − 1) total−list−a) / 20) / num−nodes

    set deep−list−b (list item (loop−times − 1) list−1−1 item (loop−times − 1) list−2−2 item (loop−times − 1) list−3−3 item (loop−times − 1) list−4−4 item (loop−times − 1) list−5−5 item (loop−times − 1) list−6−6 item (loop−times − 1) list−7−7 item (loop−times − 1) list−8−8 item (loop−times − 1) list−9−9 item (loop−times − 1) list−10−10

        item (loop−times − 1) list−11−11 item (loop−times − 1) list−12−12 item (loop−times − 1) list−13−13 item (loop−times − 1) list−14−14 item (loop−times − 1) list−15−15 item (loop−times − 1) list−16−16 item (loop−times − 1) list−17−17 item (loop−times − 1) list−18−18 item (loop−times − 1) list−19−19 item (loop−times − 1) list−20−20)

    set mean−deep−b (((item (loop−times − 1) total−list−b) / 20) / num−nodes

    end
    to Mean−plots
    set−current−plot "C−D"
    set−current−plot−pen "pen−41"
    let n 0
    while [n < loop−times][

```
plotxy n
    ( item n total-list-a ) / 20
set n n + 1]
set-current-plot-pen "pen-42"
let n-1 0
while [n-1 < loop-times][
plotxy n-1
    ( item n-1 total-list-b ) / 20
set n-1 n-1 + 1]
set-current-plot "Mean-Cumulative-Diffusion"
set-current-plot-pen "pen-1"
let n-2 0
while [n-2 < loop-times][
plotxy n-2
    ( item n-2 total-list-a ) / ( 20 * num-nodes )
set n-2 n-2 + 1]
set-current-plot-pen "pen-2"
let n-3 0
while [n-3 < loop-times][
plotxy n-3
    ( item n-3 total-list-b ) / ( 20 * num-nodes )
set n-3 n-3 + 1]
end
```